成交的技術

向銷售之神喬・吉拉德學習
創造不敗金氏紀錄的30個銷售術

林有田 博士◎著

自序

向喬・吉拉德學習金氏紀錄的銷售術

喬・吉拉德是全世界最偉大的業務員，也是全球最受歡迎的演講大師，擁有五項金氏紀錄，且該紀錄至今無人能破。喬・吉拉德曾為許多世界五百強企業菁英傳授他的寶貴經驗，是所有的創業者和做業務工作者的導師。

我一九九七、二〇〇五年在台灣聽過喬・吉拉德的演講，二〇〇八年在上海復旦大學再聽一次喬・吉拉德的演講，雖然門票很貴，但場場爆滿，原因很簡單，因為大家都想目睹世界推銷大王的風采和真面目，同時要向他借鏡「如何成為Top Sales的技術」。

為何喬・吉拉德的演講這麼受歡迎？因為一般的演講，大約花80%以上的時間和精力在說理論、舉案例、講笑話，只有15%左右時間用於教授竅門、方法、技術，激勵學員只花5%的時間，根本沒有實作。

喬・吉拉德則反其道，80%時間用於闡釋可以達成快速成交的方法和技術，他會示範如何完成每一項交易，正是這些技巧讓他締造了驚人的銷售紀錄，花10%激勵學員，保留10%的時間和精力，讓學員可以針對演講主題雙向演練和操作。互動學習效果特好。所以趨之若鶩報名來聽演講者如過江之鯽。

他的演講費高天價，門票貴得嚇人，但值回票價。如果你想向喬・吉拉德學習，除了親身去聽演講之外，要省錢的話，可以看他的書。如果英文能力不強，現在有了一個更新的選擇，可以看一看我花了兩年的時間，從他的著作、演講內容中，淬鍊出來的精華。我加以演繹化、東方化、本土化、實踐化，配合我二十年成功實戰的案例和獲得的教訓，整出來的三十個銷售必勝的金科玉律，可以幫你省掉很多鈔票和摸索、時間，讓你馬上學會吉拉德的方法，創造你自己的紀錄。

這些金科玉律沒大教條，簡單易懂，可以協助不動產仲介買賣、金融服務、保健醫美、汽車、保險、零售業老闆、諮詢顧問、軟體銷售、原料供應商、專櫃業者、餐飲業者、微型企業、文創業者、傳直銷，任何有銷售業務的產業公司銷售人員學習和培訓之用。

據知，吉拉德生長在貧民區、沒有顯赫的學歷，因為每天努力工作，在殘酷的銷售戰場中，領悟出獨特的一出手的成交之道。他稱自己的銷售系統為「填滿摩天輪的座位」、「不斷收成的耕作系統」；還獨具創見地發明「吉拉德的 250 定律」、「獵犬計畫」。他告訴我們，推銷可以致富，藉由遵守幾個簡單的法則和努力工作，每個人都可以和他一樣有成就。

他寫的書非常暢銷，已經幫助了幾百萬的讀者實現了他們的夢想，我整理他多本書中的內容成為濃縮精華版，對你絕對有幫助。我會示範如何打動顧客的心，讓顧客把荷包裡的鈔票交給你，並說謝謝你！我期望這本書可以為台灣注入更多積極向上、樂觀為善的正能量，提昇台灣銷售業務界工作者的正確的心態，和一出手就成交的技術，進而推動產業經濟，打造台灣成為欣欣向榮、經濟繁榮的強國，和人人欽羨的幸福島。

Contents

PART 3 賺錢高手的10個基本功

Part 1

一出手
就成交的業務力

業務力 1 傾聽

學會傾聽，讓客戶第一時間想到你

喬・吉拉德這樣說：

與其說得口沫橫飛，不如先用心聽聽顧客怎麼說，等到確定他們有需求，再進一步確認真正的需求與困難在哪裡，才能一出手就成交！

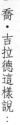

不久前，一位好友和我喝下午茶，突然冒出好友的一位友人，過來和我們同桌，好友介紹他是來自台南的張姓友人，我禮貌地奉上名片，對方說他沒有名片，接著馬上要我給他十分鐘。

他介紹了一個賺錢的平台，強調這能賺大錢。他說的「小P大團購」我略知其中梗概，我說：「我聽過和略知其中一二……」他打斷我的話並回我：「你不知道真正的內容……。」然後要我給他十分鐘詳細說明的機會。我當下很不爽，我是和朋友來喝下午茶，點心還沒嚐到，咖啡也還沒入口，竟然打斷我和朋友的約會，要我聽OPP。

他不但不懂商場禮儀，而且根本不上道，我才剛說我對現在平台的看法，還沒講十二秒他就插嘴，我當場傻眼。他連傾聽的道理都不懂，朋友還說他月入二百萬，你會相信嗎？

從這件糗事，我想給大家一些建議：無論做何種業務，要讓顧客乖乖安靜聽你的產品說明，見面時你必須先做好傾聽工作，建立和諧融洽的關係，贏得對方好感才行。

要做好業務工作，你必須要有「Top Sales黃金銷售力」的功底才行，因為這是從事銷售工作的基礎知識。參加過我主講「Top Sales黃金銷售力」體驗營的學生都知道我有一個規定，在實務教練中，如果沒辦法在十分鐘內學會「有效銷售」的傾聽技巧，就必須退訓。為什麼如此嚴格？因為搶著說話、不會傾聽，就無法打破冰冷僵硬的氣氛，以及消除對方的「防衛心」，自然無法贏得好感和信賴，建立融洽的關係，也無法獲得下一階段的正式商談和溝通。

傾聽加上將心比心，讓客戶第一時間想到你

我認識一位在保險業界連續十年穩居百萬圓桌會員的美女陳襄理，她之所以這麼厲害，在於她找對了心目中的客戶。她喜歡挑戰身上布滿地雷的客戶，因為她擅長讓客戶在她面前自己拆炸彈、解下武裝，進而真誠相對，乖乖聽她的解說，對她的提議點頭埋單。

陳襄理是這樣做的——她和客戶見面時，簡單寒暄後就和客戶聊聊工作的情況，絕口不談產品的話題，因為她知道這類金字塔級的客戶不喜歡「理性銷售」，但他們都有相當了不起的工作成就，也都非常歡迎業務人員進到辦公室，看看他們的事業成就。

陳襄理攻心的銷售方法，都是先聊工作，一旦客戶開始講述自己的奮鬥史和打拼成果，她就在旁邊托著下巴安靜而認真地聆聽，且頻頻點頭如搗蒜。她還常趁機讚美回應幾句，客戶聽到她的「讚美」，就從心裡升起「這人真是難得的知己！」的好感。幾回拜訪之後，客戶就會開始透露自己的心聲：「其實妳不知道呀！沒有我撐著，公司早就關門了。我賺了錢，股東們也不會對我說一聲謝謝啊！」或是「誰想做女強人啊！老公不長進，全家都得靠我賺錢！」

她知道，一旦客戶說出這些話，就代表他們開始拆解自己身上的地雷，他們的「防衛心」也

跟著解除了。這時候，陳襄理會展現一種理解的眼神，並且分享自己的看法和經驗，讓客戶認為她和自己是「同一國」的。

陳襄理就是靠著「傾聽」的功夫，加上「將心比心」的表達手法，掌握到銷售的關鍵，贏得顧客心。之後，通常客戶就會把你當成知己，跟你說真話，和盤托出他真正的需求。

她就是用這種「以柔克剛」的方式長驅直入，而且生意長長久久，不會只有這一檔，日後客戶一有需求，第一時間想到的就是陳襄理。

通常，業務拜訪客戶、進行溝通時，對方眼睛常會望向他方，僅是豎起耳朵聽一聽，對你提供的資訊不會認真考慮。專業一點的傾聽高手，會細心觀察對方的臉部表情、語調和肢體動作等非語言訊息，來判斷客戶的弦外之音和話語的真實性。而最厲害、最有效率的傾聽者，會「將心比心」從客戶的角度去理解訊息，如此，除了獲得客戶說出的訊息，還可以推論出更多沒有說出來的想法。

設身處地不但讓溝通更有效率，另一個好處是讓人感覺貼心、感覺受到重視與被關懷。當你面對客戶時能有高度同理心，你與客戶之間的認知差距會縮短，心的距離也會更貼近，拿下訂單就像甕中捉鱉一樣了。

談客戶熟悉的話題來破冰

「不知道要和對方談什麼」是業務在向客戶自我介紹後，最傷腦筋的事。打完招呼後的第一句話，究竟該說些什麼呢？為了不過於唐突，最好是談一些客戶熟悉的話題來破冰，這樣可讓對方放下警戒，提高回應的意願，能在輕鬆的氣氛下展開溝通與對話。

我認為「客戶熟悉、感興趣的話題」可由下列方向尋找：

一、**談對方身邊的物品**。不管是一本書或一台腳踏車，都是開啟話題的好用道具。人們會隨身攜帶的書或物品，通常是他們正在閱讀或感興趣的事物；對於熟悉的題材，人們講起來往往也比較不會緊張，甚至會開心地發表意見。

範例1：「你也在看《飢餓遊戲》嗎？你覺得這本書很好看嗎？聽說同名電影正在上映了，你有興趣去看嗎？」

範例2：「你這支棒球看起來好專業！是什麼材質的？你是專業運動選手嗎？」

二、請對方出主意，或請對方給予指導。如果一時從對方身上找不出話題，而對方在網路行銷方面很有成就，你可先說明自己對網路行銷的見解或看法，再請對方幫忙或出主意。

提出一個需要對方出主意或指導的問題，幾乎可以確保對話順利開展。例如，「你知道有哪一家公司可以幫忙做網路行銷的諮詢嗎？有沒有還不錯的公司可以推薦呢？」

三、談與對方有關或熟悉的話題。諸如以對方的嗜好為話題，或是以對方的故鄉、老家、就讀學校為話題，或是雙方共同友人、介紹人的近況，或是對方的社團活動或榮譽職。

四、針對彼此都熟悉的某事物或某人進行交流。例如對方工作領域中目前的熱門時事或近期的話題人物等等，也是很好的交流話題。不過要記住，採用這個方法，最好是針對觀察到的「好事」提出看法，「負面訊息」還是少說，以免給人愛抱怨、憤世嫉俗的不好觀感，甚至不小心誤踩地雷就更糟了。

範例1：「最近勞務師的證照好像很紅，你是怎麼準備的？會很難考嗎？」

範例2：「不好意思，我正在附近找辦公室，你知不知道附近是否有辦公室出租？」

進行自在聊天應注意的重點

只要巧妙運用上述的開場話題進行聊天，加以適時「讚美」對方，就可以迅速打破冷場，贏得對方的認同和支持。

當然，在你開場聊天前，一定要先分析過對方，了解他的背景、興趣愛好及性格特徵等等。

總之，見面談話時不要太急，不要沒說幾句話就迫不及待地談你的產品。你應該先談論他們最熟悉和感興趣的事情，進行自在的聊天，得到對方的好感之後，他們就會願意花時間「聆聽」你解說產品。

關於聊天，還要注意以下重點：

1. 跟別人聊天，應該要言之有物。
2. 聊天要幽默，否則對方聽了想睡覺。
3. 聊天話題避免膚淺，因為會被對方瞧不起。
4. 萬一你的話不能得到認同，此時暫停一下，保持沉默。
5. 主動說一些自己的小糗事，可以增加親切感。

6.你可以藉由提問，讓聊天更有趣。

7.聊天時，不要提出一些挑戰性的問題，免得引起激烈爭論，弄得不歡而散。

結論：聽懂「弦外之音」才不會表錯情。

培養聽出「弦外之音」的能耐

要解開對方的防衛心，達到無障礙溝通的境界，你還需要有聽出「弦外之音」的能耐。

如果客戶拒絕你的建議和提案，就代表你沒有真正掌握到客戶的需求。如果想在下次提議和提案一舉成功，務必透過各種溝通技巧，了解客戶究竟在想什麼，才能在下一次會面時對症下藥。

「對症」的方法，第一步是「聽清楚」客戶的每一句話，其次是確定「聽懂」客戶的意思。

而聽懂的關鍵在於，你必須留意客戶是否有弦外之音，因為這可能是客戶拒絕提案的真正理由。

譬如客戶說：「這個產品的功能還不錯，但有地方怪怪的。」問客戶哪裡怪，他卻說不出具體理由，其實，客戶想的可能是：「這個產品很貴！」因此你得抽絲剝繭問出其中原因。

你可以問：「為什麼不喜歡這功能？是使用太費力？還是操作很麻煩？」你慢慢會發現，其實並非產品本身的問題。

如果客戶是價錢考量，他有時很難開口說：「我沒有足夠的錢。」有經驗的業務，在與客戶溝通到第三次而對方還沒有點頭，就會先找主管商量，幫客戶抓好價格，以解除客戶的疑慮。

要完全聽懂客戶需求的秘訣，在於平常就必須細心觀察客戶是什麼樣的人，有什麼習慣、個性、喜好，當他講這句話可能代表的是什麼意思。

請你跟我這樣做

1. 運用眼神、肢體動作，一邊聽話，一邊適當的點頭，不要在客戶講話時插話，不要邊聽客戶講話邊做其他事，諸如看手機留言、四處張望，或是埋頭翻閱自己的型錄等等。
2. 運用「同理心」設想對方的狀況，例如設想「如果我是採購，我會如何？」
3. 要從客戶傳達出的相關訊息中，判斷客戶的真正需求和他所關注的問題，針對客戶的需求與問題，替他尋找解決的辦法，從而令客戶感到滿足，最後完成交易。

報價、議價、讓價都需要策略與技巧

喬・吉拉德這樣說：

你報價給客戶後，客戶說：「你們的價格太高了。」這時你可以運用同理心，先肯定對方的感受，然後巧妙地將客戶關注的價格問題，引導到優質的服務和高質量的產品之上。

因為同行競爭與網路的發達，產品價格與資訊通常都很透明化，客戶因此很會殺價，現在服飾專賣店能賺到的錢微乎其微，近來有將近50％的店面拉下鐵門，放棄經營。在你決定結束營業，放逐自己時，先想想未來要走哪一條路。

日前，有位在台北東區經營國外知名品牌服飾的熟女告訴我：「我開店做生意，因為定價適宜、合理實在，因此吸引客戶經常上門，但還是天天都遇到嫌貴、要折扣的客戶。經過一番討價還價後，利潤空間一壓再壓，依然無法滿足客戶。收入扣除產品成本，剩餘利潤幾乎被租金、人事成本蝕掉。今天才發現我沒賺錢，問題竟然是沒有應付客戶壓價的本事、缺乏讓價的技巧，所以請你傳授一些技巧，助我一臂之力，感恩喔！」

是的，客戶都很會殺價，如果缺乏「議價」的技巧，賺錢真的很困難。

議價就是討價還價，而討價還價是實力、智慧和耐力的較量，是為了爭取到最大利益，而與對方進行的博弈，掌握好議價的技巧，就不難在談判中如魚得水。

任何商務活動的諮商，最後一定是在價格上進行磋商，如果雙方在價格讓價成功，就很容易完成交易。

「如何有效讓步？」往往是讓價的主要部分，因此，當對方要求降價，我們確定「讓步」時，就要根據標的大小、對手的需求、條件和特點等等，選用適當的讓步戰略戰術，才能確保自己的利益。

「報價」前做好事前預防，勝過後面的溝通

討價還價是成交前最艱辛的戰役，如果能過關，成交自然水到渠成。因此，若能事前做好預

防，客戶對價格的堅持與固執就會減少很多。

一、報價時要留給顧客還價的空間。假設產品標價是四萬九千六百元，在顧客要求優惠後，你的報價是四萬八千七百元，主管說底價是四萬八千元，結果是以四萬六千五百元成交，比最初的標價優惠了三千一百元。如果你的底價是四萬六千五百元，你的報價一定要高於四萬六千五百元，這是連豬都明白的道理。這樣才可能給顧客還價的空間，才能讓顧客有殺價的「成就感」。

二、報價要理直氣壯。不要讓客戶覺得你的報價有議價的空間。如果你銷售的是精品、馳名商品或高檔貨，就要理直氣壯賣得貴點！但如果不是精品，還需經用戶的檢驗。也就是說，報價時你要表現得理直氣壯，表現得這價格是理所當然的樣子。這是減少討價還價的基本對策。

報價時，要百分之百確信自己的產品價格本來就很公道、很具競爭力，然後，以充滿自信的態度、明快清晰的聲音報出價格，客戶自然而然會對你的價格深信不疑。

請牢記在心：報價聲音愈小，顧客愈會討價還價，「殺」得你難以招架。

三、選對報價時機也相當重要。商品介紹前，不先報價。盡量避免在商品介紹完畢以前提到價格，如果客戶問起價格，就直接告訴他：「價格你放心，一定會令你覺得划算，待會兒馬上就能知道。現在請給我兩分鐘時間，為你介紹這個產品的『秘密』」。

四、要比競爭者更早出手。最後要注意的一點是，應比競爭者更早出手，報出客戶可以接受的價格，減少談判的時間，並採取緊迫盯人的方式，促使客戶盡快下定決心購買。因為，一旦客戶貨比三家之後，你通常就很難應付他的殺價要求了。

在報價到最後成交價的過程中，會經過很多次的廝殺，然後一步一步接近成交價，或者接近你自己的底線。

「讓步」時，不惹人厭又確保利潤的技巧

做生意，報價時要理直氣和，但需要讓步時就要講究技巧，才能確保利潤。

以下是如何讓步，才不會惹人厭，並確保自己利益的「還價」技巧。

一、喊價要為將來「讓步」，留一條後路。喊價，如果沒根據容易誤事而拿不下訂單，因此，在談判時，你開出的價碼（立場、條件……）一定要有根據和說法，即使是強詞奪理都比拿不出理由要好。不要讓對手感覺你是隨意報價、喊價，才是避免在壓力下讓步的王道。

二、有理由的報價、喊價，也須有理由才能退讓。要退要讓都要有根據，才不會招來反感。既然我方的報價、喊價是有根據（行情、委託人、上游廠商、國外供應商、政府規定、顧問……）在支撐，那麼絕不能任意讓對手變更，「要進要退，都得講出個理由」，也就是所謂「堅定的彈性」。

三、為「讓步」預留伏筆。事先設想「換牌」的空間，作為讓步交換的籌碼。例如，若對方在意價格，如果我方要讓步，可以引導對手用數量、付款、規格、交貨方式……等條件，來交換我方的讓步。

四、根據現實狀況，採取針對性的讓步幅度。「幾何遞減式」是讓價幅度按幾何級數遞減，此法誘惑力強，誠信可靠又比較合理，是常用的技巧。「幾何遞增式」是指讓價幅度大致呈幾何級數增長，適用在對手是新手、標的可比性不多或急於成交時；若雙方都瞭解市場行情，又是經常交易的標的，不妨採取「只讓一步式」——在開始或結束時只讓一次價。若雙方是初次交易，且對標的沒有交集時，不妨運用每次讓價幅度相等的「算術級數式」讓步。

五、「讓步」要進行「唱黑白臉」策略時，下屬應該扮演黑臉。下屬扮黑臉向對手施壓，讓上位的人扮白臉，直到需要妥協的時候，下屬才表達出讓步的意願。如果上下角色倒錯，上位的人翻完臉，下屬也不便再表示和解，討價還價勢必破局。

六、「高層」不是特定的一個人，用模糊的說詞才有伸縮性。如果要拿「高層反對」當作降價的藉口，所謂「高層」應該是指一大群人，而不是特定某一個人，這樣才能避免對手直接找上，進行個別突破，造成無路可退的困局。再說，萬一日後需要讓步妥協時也較容易轉圜，因為「集體意見」本來就容易發生變化。

讓步不要太快，幅度不宜太大

談判專家研究指出，在談判過程中，較能控制自己讓步程度的人，總是占到比較有利的地位，特別是當談判快要形成僵局的時候。

研究同時發現，成功談判者所做的讓步，通常都會比對方的讓步幅度小。還有，他們善於渲染，會誇張讓步的艱難性，「放大」讓步的好處。

總之，報價、喊價不要太低，讓步不要太快，讓步的幅度也不要大，否則成交價通常會比較低。也就是說，讓步要慢，小幅度地讓步，即使在形式上讓步的次數比對手多，結果還是比較有利，永遠不吃虧。

「討價還價」要知道自己的底線

超級業務員「討價還價」的底線，在於對各類成本、市場供需情況、競爭對手報價等內外因素的把握程度。因此，做業務，首先是了解自身的底牌以及原則。

進行「討價還價」前，需先了解以下幾項因素，做為談判的底牌以及原則。

一、**價格優先考慮。**價格包括同行的市場價格、國際市場的價格水準，特別是最高利潤和最低利潤的兩個邊界點。

二、**了解自身產品與眾不同的「賣點」是什麼？**這些賣點對客戶是否有吸引力，以衡量這些賣點在討價還價中份量的輕重。

三、**不可對客戶做出一次讓步。**千萬不要一次就亮出底牌，把最大的讓步幅度暴露給買家。

請你跟我這樣做

1. 遇到「假挑剔、真殺價」的客戶時，只要完成分內的工作後，從此跟他說再見，不需要再面對他們不合理的要求。
2. 面對愛財如命的鐵公雞型客戶，你可以透過分析產品或服務所能帶來的價值，以及和其他產品相比具有優勢的部分（如省錢、功能、便利性，長效……等等），讓客戶明確知道，購買這個產品或服務所帶來的價值遠高過價格，藉此提升他們的購買意願。
3. 遇到吹毛求疵型的客戶，只要確認產品或服務可以達到他的需求，他是願意付錢的，你就可以根據需求提出多種方案，讓他不至於針對單一方案吹毛求疵，同時做好不斷修改提案的心理準備。

業務力 3 陌生開發

開發陌生客源才有高績效

喬・吉拉德這樣說：

盡可能讓更多人認識你與你銷售的商品，這樣，當他們有需要時，會自然而然想到你。

在所有客戶關係的經營上，陌生開發（Direct selling）最為困難，從無到有、從不相識到建立起夥伴關係，這個過程對一個菜鳥業務而言，總是令人頭毛發麻，真的好難！

進行「陌生開發」時，每推開一扇門、每打一通電話，95％得到的是客戶拒絕的難看臉色或咒罵聲，這時你是摸摸鼻子自認倒楣地離去、掛掉電話，還是會另想新方法、找關係突破對方心防，繼續奮戰不懈呢？

根據我的了解，不願花時間去做陌生拜訪，或對陌生拜訪感到害羞甚或恐懼，通常是因為不習慣與陌生人交談，喪失與陌生人交談的能力，很容易就錯失商機。這就是很多業務人員賺不到錢，甚至放棄銷售工作的主要原因。

新客戶開發的確不容易，統計資料顯示，每開發六位新客戶，只有一位會有興趣和回應；十位有回應的客戶中，只有一位會下訂單。

行銷場上如戰場，要想贏得勝算、圓滿成交、創造高績效，陌生開發的專業經驗不可不知。做業務，不懂又不肯做陌生開發的話，績效通常乏善可陳，頂多讓你能養家糊口而已，若要得到更高的收入，就必須隨時隨地開發更多客戶。進行陌生拜訪，才比較有機會開發到更多的客戶。

陌生開發可以這樣做

所謂萬事開頭難，新入業務這一行業，陌生拜訪客戶是一項不可逃避的新兵訓練！做好陌生開拓，需要「勇氣、方法和熱情的行動力」，其中，運用正確的方法最重要。其實，多次的陌生開發經歷、一些小訂單或獎金的激勵，能夠很輕鬆地幫助你克服恐懼陌生開發的心魔。

如何進行陌生開發？如何取得較佳的成果？照著以下五個方法依樣畫葫蘆，縱使遇上刁蠻的客戶，你也能隨心所欲，在行雲流水間展現出神入化、爐火純青的溝通技巧，讓客戶對你言聽計從，手到擒來。

一、充分做好拜訪前的準備工作。做好功課（Do your home work!）雖然是老生常談，但我一再失望且驚訝的發現：90％人沒能做到這點。但只要做好每一項細瑣、具有意義的預備工作，陌生開發才不致於招來反感，才能有效地從未曾合作過的顧客手上拿到訂單，並讓業務人員得以累積推銷成功的能量。

二、盡可能弄清楚客戶的「閒置時間」。如果你進行陌生開發時，對方很明顯的處於「閒置狀態」，你將減少一次被 Say No 的可能。在整個行銷過程中，減少對方的問句，增加對方的「肯定句」，絕對是有必要的。

三、對自己做好心戰喊話。展開行動之前，一定要做好被拒絕的心理準備，激勵自己「我是鋼鐵人，勇者無敵」，然後信心十足地拜訪。把客戶的拒絕看作「他不是在拒絕你，而是拒絕你提出的建議或你銷售的產品」，然後讓自己對陌生拜訪充滿冒險的興奮與期待。

四、人情練達容易縮短心中的距離。行銷絕不是一個人唱獨角戲、一味拼命的埋頭苦幹。如何使對方打開心扉、使對方信賴自己才是最重要的。要達成這個目標，就是要站在客戶的立場考慮問題、體恤對方，展現出為對方著想的心意。

五、執行方法照本操課就有機會。與客戶見面時直接切入正題，少廢話，將產品的好處和價值開門見山地說清楚。東拉西扯、信口開河是對客戶的不尊重。

當然，你的開場白會充分影響你此次拜訪的成功與否，要能說出順暢、誠懇的開場白。你可以試試：「我剛剛和某家公司（與你正拜訪的客戶熟識）談完，他們覺得我們公司提供的服務幫了他們的大忙，並且認為我可以用同樣的方式為貴公司提供一些幫助。」

沒有名單成不了大事

進行陌生拜訪若沒有客戶名單，成不了大事。你可以從以下地方獲得名單——網路、廠商公會名冊、商業公會名冊、網頁、電話簿、扶輪社的名冊、獅子會的名冊、青商會的名冊、縣市政府鄉鎮市公所、各種聯誼會的名冊、俱樂部的名冊、校友會、宗教團體的名冊、在地商業雜誌、地方報的工商專欄、生意往來的朋友、前員工、參展中留下的名片，也可以花錢購買。

當然，你可以在網路上利用促銷活動或抽獎遊戲，要求參加者填入個人資訊，如電子郵件、電話號碼、性別、年齡、地址……等等，也可以在實體通路利用問卷調查表，讓客戶填寫個人資訊。

選對時間、看清局勢，才能抓大魚。抓魚要抓大魚，而不是大海撈針！挨家挨戶拜訪雖然老套，但還是要講求方法。你要用心觀察市場，掌握產業的趨勢和消費潮流，順著產業起伏的脈動走，才能抓到市場上的「大魚」，業績自然亮眼。

執行六個開發步驟，贏得更多成果

想要和初次拜訪的客戶開啟話題，得到對方信任，進而贏得更多的業務成果，可試著執行以下六個開發步驟，將更容易得到業務機會與客戶回應。

一、盡可能地多瞭解對方的一切情況。拜訪前充分瞭解對象的途徑很多，可以上網查詢，也可以經由熟悉該客戶的家人、親友，以及其他社會關係來收集資訊。例如對方的工作、職位、個人喜好、需求、財務狀況，家庭成員的喜好等；如果是B2B的客戶，例如公司或工廠，除了客戶的基本資料之外，還要進一步探討他們所面臨的市場挑戰，掌握客戶的需求點及痛苦點，瞭解客戶要將產品賣給誰？最終客戶選擇產品的標準為何？之後，設定你這次拜訪想要達成的目標、設計好你的開場白及想要向客戶提出的問題，以及介紹產品所需的資料或樣品等。

二、臉皮厚，才能吃個夠。陌生開發，要擺正心態，坦然的接受陌生人的拒絕，要堅持不懈，臉皮要厚，必須敢開口說話。如果在陌生開發過程中，因為一兩次拒絕就灰心，或者不敢再開口說話，那怎能做好銷售工作。

三、苦練基本功，首先要積累豐富的專業知識。市場在變化，客戶也不再像以前那樣缺乏專業知識，現在的客戶愈來愈精明、要求愈來愈多，因此，今天的業務人員應該更專業，最起碼要比客戶專業。

四、能吃得苦中苦，就有機會成為人中人。許多業務工作都是高收入的工作，可以讓一個高中畢業的人，月入十幾萬，同時也是一份辛苦的工作。對於剛開始從事業務的人來說，初期的陌生開拓一定不要偷懶，認真做好每一天，為以後的道路厚實基礎。很多業務人員做不下去，不是因為資質不夠，而是一個字——懶！

五、出發前，做好「必勝」的心理準備。出發和展開行動之前，一定要做好被拒絕的心理準備，並激勵自己勇者無敵。不可能每次拜訪都能得到見面的機會，應該把客戶的拒絕看作是意料中的事，對此有充分的心理準備。記得前面提到的，客戶不是在拒絕你，而是在拒絕你提出的建議或你銷售的產品。

六、從失敗中找到正確的方法。如果不幸拜訪客戶失利也不要洩氣，轉個念、換個角度去思考，從拒絕你的客戶那裡學習，找出客戶拒絕的真正原因或是他們對產品不感興趣的理由。針對相關因素，找到正確的解決方法，重新出發，制定出下一次的拜訪計畫及技巧。

照著以上方法去做，縱使遇上刁蠻難纏的客戶，你也能談笑用兵，讓客戶對你言聽計從，手到擒來。

結論：「肯定自己」就成功了一半。

進行陌生開發客源，運氣成份占了80％，不可能天天一帆風順，起起落落本來就很正常。你要做的是，為這種起伏的現象做最好的準備。我認為，只要你懂得積極的肯定自己就成功了一半。如果你有心理準備也有對策，就能從容駕馭了。

請你跟我這樣做

1. 陌生開發的名單可以從網路上收集，先從人力銀行找起，然後是線上黃頁、公司名錄之類的網站。
2. 打電話開發時，當秘書或助理不打算為你轉接電話時，你可試著暗示你已經和客戶約好通話時間，而且客戶正在等你的電話。
3. 要收集「直接有效的名單」，可以直接踏上街頭，利用市場調查法或是從街頭巷弄之間的大樓去收集名單。

業務力 4 人脈

經營人脈，讓客戶幫你找客戶

喬・吉拉德這樣說：

推銷這一行，需要別人的幫助。每個人的時間、精力有限，每天能開發的客戶自然有限，所以我把客戶當成我的人脈，運用「獵犬計畫」讓顧客幫助我尋找顧客。

我們都知道，成功來自50%的累積，40%的經營，10%收成。萬丈高樓平地起，所有美好的結果都需要持續努力，人脈也一樣，要一點一滴才可能累積成對你有助益的人脈。如果你連平常參加活動，都不敢交換名片，你怎麼可能開創出你的事業呢？

我想告訴你，好業績來自於花50%的時間開發業務，40%的時間做客戶管理，10%的時間成交。還有，做業務就像交朋友，人相當敏感，如果你總是想著要成交，你的客戶可以感覺得到，最後你可能會陷入「人財兩失」的泥沼。

做業務需要人脈的加持

不久前，有一位超級業務員在看完我的臉書（facebook）後，讚美我有豐沛的「人脈」，並分享說：「你在臉書上說得非常對，做業務，業績要領先人群，方法不一而足，就是不能缺少『人脈』的加持。」

沒有錯，做業務最好有人脈的加持。

我知道有80％的Top Sales，不論他們身在何處，超級市場、停車場、高爾夫球場、研討會或是論壇，都隨時隨地在認識人並建立人脈。因為他們心知肚明：你永遠不知道哪個人會是一個重要的生意來源，而且會為你帶來一筆大生意。

工作上有人脈的人，對工作的投入程度是他人的七倍。

我從事銷售工作的業績總是遙遙領先，除了勤奮努力之外，人脈是關鍵要素。因為我學習喬·

吉拉德，把客戶當成我的人脈，運用「獵犬計畫」讓他們幫助我介紹新顧客。我有六個經營人脈的技巧，公開如下：

一、避免目的性的交友，心急容易誤事。做業務要有好業績，在於花50%的時間開發業務，40%的時間做客戶維繫，而只有10%的時間在成交。

「人」到用時方恨少，建立人脈，首先要抱著多認識優秀朋友的心態，而不是帶有什麼目的去認識新朋友。做業務就像交朋友，如果你總是想成交，對方是感覺得到的。心急吃不了熱豆腐，發展人脈也一樣不能急，心急就會得不償失！因為真正能發揮作用的人脈，一定要經過時間的發酵，如果急於見到結果，反而欲速而不達。

二、將身邊認識的人組織起來，定期聚會。利用下午茶、熱炒聚餐、登山活動、騎腳踏車等活動經營客戶和人脈，也能用於將身邊有實力、有關係的人組織起來的定期聚會。

三、走出舊有的人際圈，多參加社團和活動。可以加入行業的公會、協會、全國性專業組織，或是經常參與研討會、論壇，增加認識業界、成功人士的機會，甚至可以主動爭取在這些組織中擔任某些職務，擴展人脈層面。

四、主動出擊，和別人互動交朋友。不管在任何的場合中，與其坐著不動等待事情發生，不如主動出擊，把自己當成主人，主動和充滿自信且正面積極的人交朋友。

五、建立人脈資料庫。人脈資料庫包括對方的名字、地址、興趣、連絡方式、職稱、職責、秘書或助理的名字。如此一來，當你需要幫忙時，比較容易找出適當的人選。

六、多一分幫助，就多一分助力。「要怎麼收穫先那麼栽」，利用你的專業、專長、經驗、素質或愛心進一步幫助別人，常分享別人需要的訊息或寄送專業電子報，做為朋友互動的專業訊息平台。

發展人脈固然需要正確的態度，人脈的累積也是一種技術或能力，如何善用隨手可得的數位工具及人際資源，就要靠大家多用心了！

讓你的人脈變錢脈

業務新手通常沒什麼人脈，開發新業務很辛苦，但若你有正確的人脈就不會累。人脈在你開發新業務時幫助非常大，因此，你務必要找到正確的人脈，並設法藉助人脈之力，讓有力的人脈引薦你、幫你一把，以快速達成任務。

房地產經紀人當然要有賣房子的高超本事，以及讀懂客戶心理的能力，但仍要有良好而綿密的人脈網絡。如果你有綿密的人脈網絡，市場賣豬肉的老闆可能會介紹常向他買豬肉的婆婆媽媽找你買屋；而對你服務相當滿意的顧客，可能有一拖拉庫的朋友打算買賣房屋，他們都會打電話給你……。這就是人脈帶來的效益。

90％的人缺乏良好的人脈基礎，侷限於自己的小圈圈、小範圍內，來往的只有親友與同事，隨著產業環境快速發展和競爭白熱化，這樣的人脈基礎顯然是不夠的。但要如何編織「綿綿相連」又有用的人脈？業務新手要如何踏出第一步，累積正確人脈、使人脈發生效益？方法如下：

一、剛開始要求「量」，不要太限制對象。人脈無法一眼辨識好壞，所以不要用太現實功利的角度出發。交友時多多益善，不要一開始就設定誰是自己的未來人脈，而是廣泛去認識各種人。培養人脈是一種養兵千日用在一時的長期工作。

二、要懂得「去蕪存菁」。認識的人多並不等於人脈廣，你要扭轉「以多寡論英雄」的人脈觀，因為人對了，一切就對了。這不是現實問題而是選擇問題。你必須分清楚什麼人才是你的資產，看清對象才能讓你的人脈變錢脈。

三、先付出，不求回報。建立人脈的核心在奉獻付出和為他人著想，而不是只想著自己的業績。抱著想要賣掉產品去建立的，不是人脈，而是人人視為洪水猛獸的人際關係。

如果你希望別人認識你之後，會伸出雙手幫忙你、協助你，你可以從服務結緣、語言結緣（鼓勵或激勵他）、身體結緣（一個微笑、一個舉手都是），從自己先付出，千萬不要計算回收。

四、平時多燒香，急時有人幫。除了在認識時給對方留下明確的第一印象，日後還要多互動、聯絡感情，平日就需培養關係。從自己的優勢出發，多主動幫助他人，維持住彼此的關係，時間久了，對方對你的專業會有深刻的印象，當他有事情時就能夠第一個想起你，主動來詢問你。人情存摺，時間愈久紅利愈多。

五、展現「捨得」的藝術。與朋友搏感情很重要，方法之一就是學習捨得的藝術。蛇是在蛻皮中長大的，金是在砂礫中淘出的，要取得更多的成績更是如此。先施出你的好意，助人一臂之力，自然會有所獲得。捨得是一種精神、成熟和智慧，是一種做人處世的藝術，也是開發出更多顧客的竅門。

以友誼為出發點，讓自己成為別人的貴人，就算不回收也無所謂。只要有善心，自然善緣處處在，善門處處開！

結論：有捨，必有所得。

人世間的事情，有付出才有回報，沒有無回報的付出，也沒有無付出的回報。有捨必有所得。結交人脈，付出愈多得到的回報愈大，只想要別人給予自己，「得到」將是天方夜譚！

請你跟我這樣做

1. 花時間提高自己的個人價值。你的利用價值愈大，他人愈會幫你。
2. 有機會就提攜比自己地位低的人，好比低價買入潛力股，這類股票才能真正讓你賺大錢。
3. 先強化自己的條件。在你還沒有很優秀、很不錯時，先別花太多寶貴的時間去社交，多花點時間讀一點書、提高專業技能，先提升、強化自己的條件，當你夠優秀，朋友自然會上門找你！

讓客戶的「不滿」變成好口碑

喬・吉拉德這樣說：

有時候，即使要貼錢處理客戶車子的毛病，我還是會做，因為這會讓客戶感覺我和他是站在同一邊；而且我支持他，就成為他的朋友，等他下次要換車或有朋友要買車時，自然就會找我。

世界上有一件東西比金錢和性更為人所需要，那就是：「讚美」。做業務要成功，有一件東西比專業知識和談判能力更重要，那就是讚美的心態。

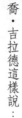

讚美功夫一流，就等於擁有高人一等的謀生技巧，就會有好人緣，凡事都能領先群倫，就會績效領先，能比較快心想事成。

因為，讚美能立即打破人際之間的隔閡，製造良好的人際形勢，讓你輕輕鬆鬆和人溝通；在銷售場合中，讚美能讓你比較快速獲得顧客的好感，拿到意想不到的業績、左右逢源；讚美能讓你人脈存摺中的利息一路發，活得愈久，享受愈多。

美好的語言勝過貴重的禮物。人人都有自尊心和虛榮心，所以都喜歡被別人讚美，這是人的天性。

在業務工作中，讚美可以使雙方的友誼更進一步發展，讓信賴關係更加深厚。同樣，讚美別人也讓我們能以感恩和寬容的心態，面對工作中的一切。

什麼時候是讚美的最好時刻？

任何一次和客戶碰面的時間，都可以見縫插針地讚美對方的一切，即使是客戶購買產品後，使用上有所不滿的時候，一樣可以適時地讚美一下對方。

喬·吉拉德之所以銷售成績一把罩，方法之一就是，當顧客有問題找他，他都傾全力協助解決問題，讓顧客對產品的不滿轉變為讚美，這也是他平常就和維修部門打好關係的原因。

如何讚美別人？讚美是一件好事，但絕不是易事。讚美別人時，如果不審時度勢，沒有掌握一定的技巧，即使你是真心誠意也會弄巧成拙。

一、情真意切的態度是基礎，還要有「事實」才行。只有態度誠懇，讚美才能顯得自然；真心實意，別人才會對我們的讚美感興趣，才能獲得理想的效果。雖然人都喜歡聽讚美的話，但並不是任何的讚美都能讓對方高興。唯有基於事實，發自內心的讚美，才能引起對方的好感。相反地，如果「無根無據、虛情假意」地讚美別人，對方不僅會感到莫名其妙，更會覺得你油嘴滑舌、虛與委蛇。

有一個人，他去超市，迎面走來一位很胖的恐龍妹，他上前跟她說：「喔，小姐，你真是天上的仙女，美女喔！」不料那位恐龍妹白了他一眼，不滿地說：「先生，你是不是離家太久了？」

為什麼會變成這樣？原因很簡單，因為恐龍妹立刻認定你是偽君子，說著違心之論。但如果你著眼恐龍妹的服裝、鞋子、包包、談吐、舉止，發現她這些方面的獨特之處，然後真誠地讚美，恐龍妹一定會欣然接受的。

對於事實的讚美是我們對事物的基本判斷，讚美用語愈詳實具體，愈會讓顧客感覺你的讚美沒有過度的地方，這樣的讚美辭讓人接受得心安理得。

二、讚美要搔到對方的「癢處」。讚美時要因人而異，找出對方的「癢處」讚美，這樣正合對方心意，自然加倍成就他們的自信感。

那麼，要怎麼發現別人的癢處呢？有一位成功者說：「想要發現一個人的『癢處』是很簡單的事，只要觀察他們最喜歡的話題便可以知道。因為言為心聲，他們嘴中談得最多的話題，就是心中最希望得到的事物。你在這些地方引領他，一定能搔到他的癢處。」

三、讚美要合乎時宜，要適度。對顧客的讚美，要在適當的時機說出來才會顯得自然，同時，讚美中可以適當的加入一些調侃的材料，這樣容易調和氣氛，讓顧客心中感覺非常舒服。關鍵在於相機行事、適可而止，真正做到「美酒飲到微醉後，好花看到半開時」。

四、雪中送炭勝過錦上添花。患難才能見真情。最需要讚美的人，不是那些早已功成名就的人，而是那些才華被埋沒而產生自卑感，或身陷逆境的人。他們平時很難聽到一聲讚美的話語，一旦被人當眾且真誠地讚美，就有可能重振旗鼓，再展大業。因此，最有實效的讚美不是錦上添花，而是雪中送炭。

讚美高手可以成就更多績效

人性中的第一欲望就是成為舉足輕重的人，人性中最根深蒂固的本性是想得到讚美。

結論：把讚美變成一種習慣。

既然客戶需要讚美，我們又何必吝嗇我們的語言呢？因為我們的讚美是不需要增加任何成本的銷售方式。在任何時間、任何地點，一有機會就毫不吝嗇地對每一個人說一些好聽的話，這樣你絕對不會吃虧。無論誰，聽到別人的讚美，都不會不開心的。

讓我們從現在開始，學會讚美別人吧！把讚美當成一種習慣，不論對象是不是你認識的人，包括：敬愛的顧客、認真負責的守衛、有禮貌的公車司機……，都值得我們給予由衷的讚美。不論對方表面上的反應是木訥、驚訝還是感恩，你的善意已經灌溉了他心中的花圃，日後將會開出朵朵的心花，美化他的與你人生的錦繡花園。

不要吝嗇你讚美的語言，讚美的話要像窗簾上的風鈴，叮噹作響，清脆悅耳！

如果你能成為經常讚美顧客的高手，你一定是未來的超級業務明星！

請你跟我這樣做

1. 你可以說一句「太棒了」，這就是簡單扼要的讚美方式。
2. 讚美要掌握時機，有好成果出現時，要立即誇獎一番。
3. 當有人讚美你，瞬間讓你感到高興和很有面子時，馬上拿紙筆記下對方的表達方法及邏輯，如果現場沒有紙筆，也可用手機代替。

業務力 6 網路行銷

善用網路與社群，讓客戶自己找上門

> 喬・吉拉德這樣說：
> 我要讓別人都喜歡我，都注意到我！網路是一個新時代的管道！

過去那種挨家挨戶進行陌生拜訪、電話行銷和利用廣告來做生意的方式，已經是昨日黃花了。在景氣凍結的今日，照傳統方法來開發客戶，無疑是一件愈來愈困難的事情。

網際網路早就是沒人敢忽視的媒體，在傳統開發客戶的手段搬到網路的現況下，雅虎亞太區資深副總裁鄒開蓮表示，未來三年內台灣的「精準式行銷廣告」的網路廣告量，將占總體廣告的20%。

自從有了網路之後，整個行銷模式完全翻轉，特別是業務人員不必再冒著大風大雨出門去陌生開發客戶，只要你懂得搜尋引擎優化，讓關鍵字的排名出現在競爭者的前面，就可以讓客戶很容易地找到你。這真令人興奮不已！

內容的好壞，決定找到潛在顧客的效率

要成功開發客戶以及創造更好的業績，必須讓你行銷產品的方式符合今日消費者喜好的購物方式，這就是「入向行銷」受重視的主因；入向行銷正在重新塑造商業環境，重點不在於你有多少錢可以花在行銷上，而在於你內容的好壞，以及是否懂得幫助你的潛在顧客「找到」你。

利用 LINE 廣告來找新客戶

談到利用網路開發客戶，LINE@ 已經是不可或缺的行銷利器。在廣告滿天飛的時代，不是顧客不買你的產品，而是你的產品沒有讓顧客看到。你只要用對方法，利用新的行銷利器，大量發送廣告，還是可以找到新客戶，或是有效吸引顧客來你的網站或商城。

也就說，做生意開發客戶要與時俱進，趕上網路的趨勢才是王道。當大家都還在做傳統廣告

時，懂得利用網路來開發客戶的人，往往提前領先同業，占盡優勢，搶到更多的業績。

不管你正經營著什麼樣的生意，是否覺得打了大量的平面廣告卻沒有找到客戶？那你該試試利用新方法，直接將廣告發送到至客戶的手機中。想想看，如果你的潛在客戶打開手機都會收到你的訊息，而且忍不住點開你的訊息，還迫不及待地下訂單，這多棒啊！這就是LINE的魅力。

據了解，台灣有超過一千七百萬人口使用LINE，平均每天花七十一‧八分鐘在使用，LINE的使用黏著度已經遠遠超過臉書。

要做生意，現在你可以利用LINE廣告，每日發送數十萬則殺手級「優惠券」讓客戶免費索取，除了可以吸引顧客來使用消費和購買之外，還可以幫你的事業蒐集許多潛在顧客的名單，真是一舉兩得。

以網路開發作為你的新戰略

你必須在傳統實體上開發客戶之外，加上網路開發的新戰略，才能如虎添翼。加強網路開發客戶，爆發力將相當可觀。

網路的發達加上公司緊盯行銷預算，正是認真開發一套「網路版」客戶開發的好機會。因為網路的進入門檻相對較低，這讓有能力、有創造力的人，很容易就能在網路上找到更多的新顧客。

現在的科技讓你可以坐在辦公桌前或任何地方，使用平板電腦或筆電，直接和陌生客戶交談、進行多媒體簡報，而不必親自拜訪。這不只替你省下大筆的時間和金錢，也讓你可以同時向多位潛在客戶銷售。

建立一個活躍、蓬勃的交流中心

建立網站的目標並不是要做你產品的傳聲筒，而是要成為你市場中一個活躍、蓬勃的交流中心，讓有志一同的人可以和彼此聯繫。如果你能建立出這麼棒的環境，自然可以吸引到最可能購買你商品的人，那你就會找到更多的新顧客，並促成生意。

請對方上網看你的簡報

在和客戶通電話時，可以請對方上網看你的簡報，然後同時回答問題。這會帶給潛在顧客非常深刻的印象，如果你還能事先針對他們可能會提出的問題予以解答，效果就錦上添花了。準備好這樣的網路文宣簡報，能讓你從眾家競爭對手中脫穎而出，使你更具說服力、更能有效銷售。

活用開放網路研討會

你一天二十四小時在網路研討會在中，可以很輕鬆地把你的數位簡報提供給成千上萬人看，展開銷售。你會發現，讓對方坐下來看完簡短的網路研討會，比要他答應和你面對面溝通簡單得多。同時，你要設計一連串電子郵件訊息，發送給所有參與網路研討會的人，請教他們意見，以便再進行交流和後續跟進。

專家發現，新的資訊發布技術和資訊監測技術，為網路行銷人員提供了接觸消費者和開發潛在客戶的新機會，因此，很多企業就順勢用科技拓展海外新市場，將戰線伸向國際舞台。

網路給企業開拓海外市場帶來了意想不到的便利，作為外向型的企業，如果現在還不能充分發揮網路，開發更多的潛在客戶和發揮行銷的作用，那麼，你的根據地很快要拱手讓給網路行銷策略更高一籌的競爭者了。

善用網路工具開發客戶

你還可以利用科技開發更多的潛在客戶，方法如下：

一、活用網路研討會。網路研討會可以協助你大量開發潛在顧客。網路研討會就是可讓許多人同時看見、在網路上進行的研討會，是一種絕絕頂聰明的資源。目前有許多廠商提供網路研討會的數位工具，其中最知名的服務商有 WebEx（www.webex.com）和 Go To Webinar（www.gotowebinar.com）。

二、運用電子郵件。電子郵件依然是電子商務的吃重角色。你可以利用電子郵件來開發顧客、篩選顧客、推銷以及聯繫顧客。電子郵件是開發和教育顧客的絕佳方式。你要定時將最新消息的電子郵件發送給客戶名單裡的成員，以及訂閱你快報的訂戶，這會收到很好的效果。

三、善用 RSS 平台。RSS（Really Simple Syndication）技術是以一種互動的形式，讓行銷人員與消費者、合作夥伴和潛在客戶，分享企業網站的最新資訊及內容。RSS 平台已成為主流的網路行銷方式，這同時也表明，B2B 行銷領先者比傳統行銷者，更具有高速的網路行銷競爭優勢。

四、利用線上視訊廣告。這也是吸引顧客上門的手段。隨著線上視頻技術升級和形式標準的統一，B2B 網路行銷人員可以大量採用視頻廣告來宣傳和推廣，找出有購買意願的客戶。這也是開發顧客和吸引顧客上門的好媒介。由於製作和播放成本高昂，所以線上視訊廣告比較適合大型企業採用。對中小企業來說，視訊廣告遠不如搜索引擎關鍵字廣告來簡單快捷。

五、選擇有效的網路媒體。無論是 B2B 行銷還是 B2C 行銷，透過網路開發出更多客戶的作用都是非常顯著的，因此，現在已經不是要不要投入網路行銷的問題，而是要考慮如何選擇最有效的網路行銷媒體，以及採用什麼更有效的網路行銷方法。

結論：堅持每天開發客戶就會成功。

我們身邊百分之九十九．九都是陌生人，陌生人是永遠開發不盡的龐大市場和商機，只要是「敢想、敢追、敢得到」的業務，絕對都不會輕易放棄陌生市場這塊大餅。

過去二十五年，羅傑斯（Jim Rogers）年年登上全球保險界的聖母峰——頂尖百萬圓桌會員（Top of Table），佣金年收入少則一百萬美元最多達兩千萬美元，是台灣第一屆《商業週刊》「超級業務員大獎」保險業金獎得主年收入的三十一倍。

有很多人請教羅傑斯要如何成為一位頂尖保險業務員，他說：其中最難的，就是持續進行每日例行性工作的堅持，特別是陌生開發客戶。

羅傑斯掐指一算說，他保險生涯中的客戶拜訪次數超過二萬五千次，平均一天四位、一週二十人，從不間斷。羅傑斯堅持每天拜訪四位客戶，許多業務高手都自歎不如，說自己做不到。

一旦你能堅持每天開發一定數量的客戶，並擺脫亂槍打鳥和自我中心的銷售地雷，必定能引領業務潮流，讓客戶永遠只說YES，成交訂單如雪片般源源不斷！

請你跟我這樣做

1. 和客戶多接觸，接觸的頻率很重要，頻率愈高，愈可以增強信賴度和縮短客戶購買的距離。你可採取臉書粉絲團、部落格、網站、發行電子報……等，持續的和你的顧客保持接觸。
2. 在網路曝光的機會非常重要。透過網路進行銷售推廣時，文案的內容要創造吸引人又樹立品牌專業、值得信賴的形象。
3. 在社群網路上，你可以多分享一些與自己專業知識、商品服務或是相關產業的文章，增強自己專業的風格形象。
4. 每個人的社群網路經營方式不同，你可以溫馨送暖，關心客戶的工作與生活，也可以用專業的形象去吸引客戶，並給予適當的建議。

好的詢問技巧讓你問出好業績

喬・吉拉德這樣說：

我把銷售看作一門科學，它是有規律的，而不是偶然和運氣的事件，一個傑出的銷售人員可以透過不斷的「詢問」技巧和摸索，掌握它的規律，從而針對性溝通，獲得更好的業績。

Top Sales 能擁有百分之百令人心服口服的業績，有一定的道理，因為他立足於現實論，懂得詢問，完全捉住顧客真正的需求。然後針對顧客真正的需求見縫插針，告訴顧客你的產品會帶給他什麼好處，贏得客戶的心，贏得訂單。

知道客戶的需求，銷售不失誤

孫子兵法要我們「知己知彼」，這意味著進行有效的銷售，第一要知道客戶的需求，第二要知道競爭對手正在做什麼，第三要知道自己要做什麼。這三個問題看似簡單，但一切的銷售失誤，都源於對這三個方面不了解。

孫子兵法說：知己知彼，百戰不殆，知己不知彼，勝負各半，不知己不知彼，每戰必殆。知道自己要做什麼，搜集可靠的和全面的訊息，並根據訊息內容進行銷售的重要性大於一切。

銷售之神喬．吉拉德則說：「我對訊息的依賴，是我制勝的法寶。例如價格，我可以保證，如果顧客能夠買到比我的價格還低的汽車，我就送一輛給顧客。這種自信建立在我事先充分的調查研究基礎上，我知道，所有的競爭對手都開不出比我更低的價格。」

「知己知彼」就要蒐集更多資料

「知己」就是了解自家產品的資訊，「知彼」是了解客戶和競爭對手，才能百戰不殆。如何做好「知己知彼」？方法如下：

一、深入研究和了解自家產品，累積豐富的產品資訊，建立專業形象。唯有了解自家產品資訊，在客戶面前才能展現專家的實力，才能掌握成交機會。你可以從閱讀與本行有關的雜誌和書本、與產品相關的任何書籍和雜誌，讓你更熟悉自己銷售的產品特色和強項。在公司產品培訓時用心學習，最好向資深同事請益，去參觀工廠和親自使用自己的產品，再向客戶分享產品的功能和效果，最有說服力

二、要了解你的客戶，就要用心蒐集他們的相關資料。你可以上網，從公開資訊中找到拜訪對象的資訊。當然也可以問客戶的競爭者，或是問客戶的客戶。

三、要了解你的競爭對手，就要蒐集他們的相關資料。只要太陽昇起，競爭永遠不會減少。你的公司也許能製造出APPLE智慧型手機之後最震驚世界的手機，但上市三個月後，一定會有對手推出更便宜的進階版。如果你每天持續開發顧客，打電話給你的客戶，競爭對手也會和你做一樣的事，因此，一定要每天持續開發顧客，打電話給「手上」的客戶。

不可能每一個客戶都把你的產品視為第一選擇，因此，除了要完全摸清楚自己的產品與公司的核心能力，另外一定要想方設法大量蒐集競爭對手的資料，以了解會受到什麼樣的挑戰。

舉例來說，你可以製作一份表格，列出「三大競爭產品」與「自己的產品」的全部特性（包括操作簡便、可靠度、維修據點數量等），再以客戶的需求為出發點，公正地評估各項產品的優劣勢並誠實告知客戶，當然不要隨意批評對手的產品。

此外，透過「詢問」客戶，也有助於你快速吸收客戶對競爭產品的看法。當你向客戶提出「您為什麼會選擇我們產品？」「我為何輸給競爭對手？」等問題，就能發現客戶如何看待你與對手，以及他們真正需要的產品價值。

如何掌握客戶真正的需求呢？方法不一，我認為不要自己亂猜亂判斷，一定要現實的看待顧客的問題，最好就是透過「詢問」技巧來找出客戶真正的需求。也就是說，你可以在和客戶的溝通對話中有效地提出問題，刺激客戶的心理，讓他說出真心話，然後從他的需求下手解說，滿足個人的需求。

不憑想像看問題，用現實觀點分析需求

立足於現實論，我們就會明白，大多數人是討厭風險、逃避痛苦的，喜歡好處、利益和追求

快樂的。所以，如果不能消除他們的風險，讓他們沒有顧慮，同時還讓他們沒有好處、利益可求，一定很難取得別人的認同。畢竟，換個角度來看，如果別人賣了一個產品給你，讓你感覺上當受騙，感覺風險很高，感覺無利可圖，即使他口口聲聲說：「我很喜歡你」你會有好的感覺嗎？

將心比心、凡事站在對方角度看問題，就不能用自己的一套「價值觀」去判斷別人的看法和想法，要從分析對方的「需求」入手。

正是立足於這一點，喬．吉拉德才能成為全球最偉大的 Top Sales，因為他從不憑藉想像看問題，他用現實論的觀點分析。例如當顧客說：「我回去考慮考慮！」這其實就是不買的訊號；當顧客來到店裡，說：「我隨便看看！」其實意味著他有很強的購買需求，因為一般人如果沒有購買的欲望，是不會走進你的地方「隨便看看」的。

超級業務員的「詢問」法

「詢問」成功的重點不在於你問的問題夠不夠多，而是有沒有問對問題。那麼該如何聰明地「問」問題呢？你可以利用「狀況詢問法、問題詢問法和暗示詢問法」，幫助你成功捉住客戶的需求。

一、狀況詢問法。在日常生活中，我們經常會問周遭的人這樣的問題：「你常騎腳踏車嗎？」「你在哪裡工作？」「你有喝下午茶的習慣嗎？」……，這些「提問」都是為了了解對方目前的狀況。這種「提問」方法就稱為「狀況詢問法」。當你對顧客進行狀況詢問，自然要詢問和自己要銷售的產品有關的主題。例如，「你們工廠有使用節電設備嗎？」「你目前有進行財務規畫嗎？」等等。

進行「狀況詢問」，目的就是經由詢問，了解顧客的事實狀況以及可能的心理狀況。

二、問題詢問法。在你獲得顧客事實狀況以及可能的心理狀況後，為了探求顧客對現狀的不平、不滿、焦慮及抱怨而提出的問題，也就是探求顧客潛在需求的詢問。例如：

「你現在有進行什麼投資項目？」（狀況詢問）

「購買未上市股票。」

「買進後脫手沒？」（狀況詢問）

「沒！」

「現在行情怎麼樣?是不是發現了不對勁的地方?」(問題詢問)

「嗯!現在很難賣出去了,要賣的人多到不行,想降價賣都賣不動,實在傷透腦筋!」

從上面這個簡單的例子可以看出,經由「問題詢問」,可以幫我們找出顧客不滿意的地方,知道顧客不滿意之處,就有機會知道顧客的潛在需求了。

三、暗示詢問法。當你發現顧客的潛在需求後,可以用暗示的詢問方法針對客戶不平、不滿的地方,提出如何有效解決的方案。這種詢問方法就叫做「暗示詢問法」。舉例:

「我們的投資型保單的投資方法非常簡單,只要你有現金運用的需求,提出申請,三小時內就能拿到現金,你認為怎麼樣?」(暗示詢問法)

「早就想買投資型保單了,只是一時下不了決心。」

因此,要銷售成功,你一定要靈活應用「狀況詢問法、問題詢問法、暗示詢問法」的技巧。你如果能熟練地交互使用以上三種詢問方法,顧客經過合理的引導和提醒,潛在需求將會不知不覺地從他口中流出。等顧客說出潛在需求後,你就可以自信、堅定地展示並說明自己的產品,來證明自己確實能滿足顧客的需求。

銷售之神喬.吉拉德認為,通過詢問,傾聽並觀察顧客的回答,能夠得到充分的訊息,根據這些訊息溝通，使得他的成交率一直維持在很高的水平。他認為，銷售就是解決顧客的需求，認真聽他們說，然後滿足他們就可以了。就是這麼簡單，但很多人都認為自己很了解別人的需求，然而事實上他們真的不了解，要不然為什麼業績上不來？

建議「購買」不要講太多次

業務人員介紹完產品資訊之後，再問一問顧客還有沒有其他要求。當客戶基本上滿意時，你應該馬上以積極主動的口吻建議他購買下來，並主動大膽的簡述購買會帶來的好處和價值。

但是要注意的是：不要催促，只建議一次。

「建議購買」的次數太多容易引起顧客的反感，產生反效果。如果客戶在聽到第一次建議後沒有動靜，一定有其他原因，此時，你要進一步去瞭解顧客還有哪些顧慮或是新的想法。

比如你可以這樣說：「您覺得還有其他問題嗎？」「還需要瞭解哪些方面的訊息？」

如果是業務經驗不夠的人，根本不知道顧客在想什麼，只能單純從對方講出來的話語做粗淺的猜測。因此在給顧客建議的時候，通常缺乏針對性、講得牛頭不對馬嘴，顯得自己很不專業，這樣就很容易得到顧客的白眼。因此，與其準備周延、專業的話術，不如多和客戶聊天，抽絲剝繭了解客戶真正的感受。幫助客戶確認自己的需求，引導客戶信任你所提供的建議及問題的解決方法。

請你跟我這樣做

1. 幫顧客挑選最適合他的東西！我們不是想賣東西給顧客，而是顧客有需要，而我們幫他挑選最適合且物有所值的東西！
2. 顧客回答時，要用心傾聽，盡量不要打斷對方，保持眼神接觸，點頭表示贊同。
3. 一次問一個問題，想清楚再問，避免給人連番轟炸的感覺。

業務力 8 說服力

用自信與感恩，說服奧客變貴客

喬・吉拉德這樣說：
嫌貨才是買貨人！客戶有本能的反抗心理，與客戶面談的時候，首先要降低他的戒備心，才能更瞭解客戶、話語更有說服力並贏得信任。這樣就可以把客戶的反抗和質疑轉化為「成交！」

在拜訪顧客嘗試進行溝通說明時，難免會有未預期的狀況發生，這時，顧客會說出一些莫名其妙、狗屁倒灶的話，故意說這裡不好、那裡不對，嫌東嫌西，找出一大堆毛病，有時候甚至說出不想買的話，盡是拒絕、嫌棄跟推托。

當我們因此心情低落時，老一輩的生意人會用一種看得很開，高度也很夠的語氣開示：「沒關係啦，嫌貨就是買貨人，只要追根究柢，這些嫌得愈厲害的，才正是要買貨的人。」沒錯，如果他們不 care，何必跟你說這些話。

顧客之所以嫌棄你的東西，不正說明他對你的產品產生興趣嗎？顧客有興趣才會認真思考價值與供需，思考過後必然會提出更多的意見。這是事物發生的必然規律！如果顧客對你的建議都無動於衷，甚至沒有任何異議，不用猜，這個顧客絕對沒有一點購買欲望。追究下去，就會發現，這些嫌得厲害的，正是要買貨的人。

「嫌貨人」正是你的貴人

我年輕時剛投入業務工作時，對老一輩生意人的說法很不以為然，但是經過一些事情後，我有了新的一層領悟，漸漸發現，事情真的如老一輩人所說，嫌貨才是買貨人。因為他喜歡你的產品才會發現缺點，想殺價才會嫌東嫌西。也就是說，只有那些會嫌產品不好的人，才是內行人、買貨人，如果我們對自己的產品有一定的了解和信心，就不怕人嫌。所以，有時候面對不明所以的打槍與質疑，千萬不要感到灰心，反而要感激對方的「抬舉」，更要拿出耐心以「物超所值」

＋「人性訴求」的策略，進一步說服對方，別把貴人錯當成小人啦！

另一點要注意的是，在說服對方你的產品或服務「物超所值」的過程中，要保持鎮定、瞭解原因、逐項舉證說明，遇到困難時，更要懂得趕緊轉彎、重新調整策略，轉移到「人性訴求」後再攻堅。當然，耐心及熱心絕對不能少。

應付四種「嫌貨人」有方法

嫌貨也是有層次的！在做生意「顧客至上」的法則裡，我們要謹慎的辨別跟對待情況欠佳、不好合作的顧客，一般來說，他們分別是——撒嬌者、拓荒者、投機者和盜墓者。其中，投機者跟盜墓者最令人恨之入骨。如何有效應付這四種類型的顧客？分別說明如下：

一、撒嬌者是第一種的嫌貨人。60％女的性消費者喜歡用撒嬌方式得到安撫，她們希望委屈能表達出來，能被慰藉和獲得優惠。一種米養千萬人，有些人很不好惹，有些撒嬌者深信「付錢的是大爺」，表現出來的嘴臉不是很nice，有些人還飆一些髒話，說「不會做生意就不要做啊！」「我來購買不是來買氣受的！」之類的話，還有些人會威脅要去消基會告你之類的。不管如何，生意至上，你當然還是要盡心力珍惜這些撒嬌者，和他們溝通！

一個人在氣頭上的人，是需要正面對待的。面對撒嬌者，你可以用貼心手法來應付他，譬如讚美他一下，誠懇說一些好聽的話來取悅對方，主動送上一些小禮物，請他們別嫌棄了，這都是身為銷售人員者和服務人員基本的工作。

二、拓荒者是第二種的嫌貨人。這類型占約30%，他們的特色是非常熱心，表現得很「雞婆」，可愛的是，他們都雞婆得很有建設性。因為喜歡你的產品又覺得很實在，為了抒發自己的看法、見解、情緒跟想法，他們會說「別家都有這個這個，你們怎麼都還是那個那個！」他們會一直嘮叨個不停，還不時打斷你說話，指出你產品的不好或是可以更好的地方。雖然他們很煩，但我們應該要很珍惜他（她）們，因為他們是我們的監察委員。

三、投機者是第三種的嫌貨人。約占15%，也是俗稱的「奧客」。他們是「人性本貪」的信徒，臉皮黑又厚。特色就是「一級盧」，能跟你從早上盧到半夜，會提出超乎常情的低價或談判條件，看你怎麼接招與回應。這些人是壞人嗎？不一定，這只是人性的一環而已。碰到這種奧客，你要善用溝通和談判能力，把守住底線才是王道。

四、盜墓者是第四種的嫌貨人。約5％的嫌貨人屬於挖墳盜墓者。他們是一群等著吃腐肉和屍體的斑鬣狗（又稱斑點土狼），是經驗特別豐富的獵食者，他們黑心無極，總是趁黑夜鑿開石墳、掘起棺木，搜掠其中的金銀財寶，並讓屍體暴露任由風吹雨打、土狼啃食。

盜墓者們吃人不吐骨頭，為了要啃你的骨頭，千方百計把你逼到死路。他們根本不是人，沒有羞恥心，毫無人性，甚至為自己的陰險狡詐洋洋得意。他們的必殺技之一是利用你的弱點和公司機制，安排陷阱讓你跳下去，然後編造漫天謊言，大大殺價。甚至在勞師動眾胡鬧一場之後，等著收割你的人頭。被這種「嫌貨人」盯上算你倒霉，萬一遇到要趕快閃，閃不開也要保持安全距離，別做他們的生意，以免吃大虧。

找出「感恩」的三個理由

佛家修行首重「感恩」之心，因此對於既有的一切要以感恩的心情來接受，以安住於現實生活環境為基礎，所謂「登高必自卑，行遠必自邇」。

我們在商場活動中常常遇到許多嫌貨人，但要懂得逆向思考，懷抱感恩的心情來面對，如此一來，奧客也能變貴客，損友也能變益友，敵人也能變貴人！

有一次，美國前總統羅斯福家中遭竊，被偷了許多東西，他的朋友聞訊後寫信安慰他，勸他不必太在意。羅斯福馬上給朋友寫了一封回信：「親愛的朋友，謝謝你來信安慰我，我現在很平安，這一切要感謝上帝：第一要感謝，賊偷去的是我的東西，而沒有傷害我的生命；第二要感謝，賊只偷去我部份東西，而不是全部；最後我還要感謝，也是最值得慶幸的是，做賊的是他，而不是我。」這故事告訴我們，對任何一個人來說，發生意外絕對是不幸的事，然而羅斯福卻能從中找出「感恩」的三個理由，改寫心情面對失去。

我常告訴學生，如果要成為優秀的業務達人，該怎麼樣擁有天天業績長紅以及充滿興奮、驚喜的人生，答案就在你的雙唇間：只要你和顧客交談時能大聲地告訴對方：「感謝你給我一個機會！」這句魔法句有如萬靈丹，保證可以讓業績不如意的人變成有錢人、常常「摃龜」的人重獲訂單和令他滿足的收入。

所以從請今天開始，持續七天，練習對你身邊的人說「感謝」。養成的新習慣，七天後來驗收成果吧！

掌握這個原則，一有機會就大聲地說出來，到海邊用力、大聲地出這句，對自己的朋友、家人輕聲地說出這句，也可在腦海中默唸這句，或是在你的心裡面感覺到這句話的力量。記住，從今天開始，不管你去哪裡，隨時帶著「感恩」的心情，讓「感謝你給我一個機會！」這句話散布在你的生活周遭，你很快就可以運用這個魔法棒，解決對方的防衛、推辭以及轉化任何負面的情況，帶你到一個新境界。

學習胡雪巖經營人脈的四個手段

做事業的人要知道，第一年靠專業知識，第二年靠技能、專業知識加人脈，第三年就完全靠人脈關係了。如果你奮鬥了三年仍然沒有成功，失敗主因肯定是人脈關係不合格。

有道是做官要學曾國藩，經商要學胡雪巖。胡雪巖貧苦出身，沒有機會讀詩書，他做生意初期雖然起起伏伏，卻因善於經營人脈，靠著真誠、義氣和誠信憾動人心，贏得許多貴人的幫助與提攜，終於成為富甲天下的紅頂商人，這成就與他龐大而牢固的人脈網路是分不開的。

紅頂商人胡雪巖是經營人脈的典範，我非常佩服他經營人脈的四個手段，可以提供給大家參考：

一、花花轎兒人抬人，在商場上辦事要注重「情」、「義」二字。

二、多方交遊，汲取他人智慧精華。

三、處世圓融，事功求全。

四、認清真假的靠山。

從以上的經營精髓，我學會在平時多交一些好朋友，且一定懷著真誠之心與朋友交往。樂於助人、多做公益，放低自己的身段，以和諧、謙卑的態度，學會跟他人相處，隨時擴充自己身邊人、事、物的「正向力」。因此，當我突然跌入困境或遇到麻煩、難題時，果然有一些貴人跑來幫我，不但幫我解決困難，還進而改變了我的命運。生命的精采，在於擁有幫我們脫離困難的貴人。良好溝通需要心存善念，要明白多個朋友多條路，多個冤家多道牆。只要能心存善念，一切都有改變的機會。

請你跟我這樣做

1. 遇到挑三揀四的顧客，不要馬上否定他的購買欲望，只要對自己的產品有信心，服務態度好，誠懇地講解產品的價值，不怕比較，顧客會心動的！
2. 若顧客嫌棄你產品，不要太在乎他的批評，一點也不要生氣，只要對自己的產品有信心，對顧客心理有深刻洞察力，就可以扭轉劣勢。
3. 請從現在開始，持續七天，練習對顧客說「感謝你給我一個機會！」並養成新的習慣，七天後，來驗收成果吧！

養成空杯心態，加強競爭力

喬・吉拉德這樣說：

我的生命就是要好好的學習。你永遠不能對你現在的成就感到滿足，永遠要不斷學習。

作為一名受過最殘酷磨練的業務人員，世界頭號銷售大師喬．吉拉德對如何從零起步，二十四個月成為一名 Top Sales，有著特別深刻的理解。他相信每一個人天生都有做銷售的潛質，每一個人都可以成為一名 Top Sales。喬・吉拉德在來台的演講中說，我們所要做的最重要的工作，就是學習如何激發和發揮你的銷售潛質，所以『學習力』是不可或缺的一項能力。」

業務人員的首要任務就是把東西賣出去，如果沒有賣出去，產品就變成庫存，庫存過多企業就準備跑路。業務人員還要有持續學習的能力，只有銷售也是沒有希望的，因為你銷售出去的是產品或服務，只有持續學習才能建立長期的競爭優勢，贏得長期的市場占有率，為自己贏得穩定的業績。

要不斷的學習，加強競爭力

由於顧客有百種百樣，不同的人關注的話題和內容是有差異的，我們要和他們打交道必須具備廣博的知識，才能找到對方的興趣和共同話題，才能談得投機。因此，業務人員要廣泛閱讀各種書籍，無論什麼樣的書，只要有時間就要去閱讀，必須養成不斷學習的習慣。還得向你身邊的人學習，不斷向你的同事請教，養成機會學習的能力。

做為一個銷售人員，必須具備不斷向外界學習的慾望和能力，並且還要以最快的速度，將所學轉化為行動力和能力，使學習變為能力、實力、競爭力。競爭力就是這樣提升的。

培養「學習力」有方法

學習力幫你提升競爭力，幫你快速開啟成交之門，增加績效。我深信，有兩種學習的方法對你我的助益最快，也最有效果。第一種是從挫折中學習，另外一種則是向成功人士學習。

一、從挫折當中學習。處處留心皆學問。每一次的被拒絕、訂單被搶走、顧客投靠競爭者以及不愉快的經驗，都會帶來等值的美好果實，等待著我們來發掘。

我曾經在大衛・弗曼多（David Freemantle）的演講中聽到一句令人激賞的名言：「失敗為獲利之母」。

絕不要被「被顧客拒絕、訂單被搶走」所打敗。當一個人遇到了困難或問題，千萬不要因而產生挫敗感。失敗並不可恥，因為世上最可悲的，莫過於不敢去面對失敗及承擔責任的人。承認失敗很難，但無法面對挫敗的人，挫敗將是他們未來的宿命。

每一位 Top Sales 都能勇於面對挫敗，並且從失敗之中汲取經驗，也絕對不會被挫敗所擊倒、毀滅，他們勇敢承認自己的挫敗，然後針對問題，檢討失敗的原因，找到正確可行的成功方法，再往前走。

我出來從事業務工作前四十天，灰頭土臉，嚐到一敗再敗的滋味，幸運的是，我並沒有被打敗，反而愈戰愈勇並不洩氣，我一直動腦筋力求突破，要贏回面子和尊嚴。

我過去服務於數一數二的國際級企業期間，曾經銷售一項高單價洗髮精，由於產品質良好，定價也相對提高。我們確信可以銷售得很好，然而事與願違，經過幾次努力，銷售結果卻敗績連連，但是，我們並不服輸，決定繼續奮戰下去。

於是，我們努力檢討了失敗的原因，發現主要的問題出現在「錯誤的通路配銷」上。知過必改，我們馬上改弦易轍，決定把這支洗髮精從一般雜貨店轉移到超市、百貨、美容材料行銷售，沒多久，銷售業績急遽回升，不到半年的光景，就成為高價位洗髮精中的第一品牌了。

從這個事件中得到的啟示是：即使失敗也不能輕易向失敗低頭，同時要承認失敗，從錯誤中找出可供學習的要點，並且試著去應用這些學習的經驗，轉敗為勝。

每個人的一生都在挫敗中不斷地學習，任何失敗中也都隱藏著成功的生機。愛迪生在未發明電燈之前，經過千次的失敗試驗才找到鎢絲，成功地發明了電燈泡。國父孫中山先生也歷經了十次失敗的革命，靠著努力不懈的勇氣，終究革命成功。

「失敗」在成功來臨之前，總是會不斷地出現的。

一旦從挫敗中掌握到學習的真諦，我們就會變成一把鑰匙，隨時開啟珍貴的寶藏。這種謙卑學習的態度，正是我們步向成功的助力。

二、向成功人士學習。有句諺語說得好：「寧願與老鷹齊飛，絕不與火雞覓食！」很顯然地，銷售成功的最佳捷徑就是跟成功人士學習，汲取他們成功的經驗，虛心地向他們請教，然後獲得最大的啟迪力量。

我們周遭朋友的人格特質，都會為我們帶來暗示性的強烈影響，所以，結交朋友不可不慎！通往成功頂峰的道路，可能由於交友不慎而崎嶇不平；同樣地，人生大道也可以因為結識良師益友而平坦易行。

我出社會後就非常積極參與「社團活動」，在社團裡認識了青年創業楷模李成家、吳思鐘、賴孝義、戴勝通、施振榮等企業家。社團裡都是Top Sales，還有不少傑出的專業經理人，如台灣氰氨總裁谷秀衡、中油公司總經理潘文炎、萬客隆總經理張宏嘉、台灣必治妥總經理劉文正等，他們都是我的好朋友，也是我工作上的良師，對我在人脈開拓以及事業發展上，都有相當深遠的影響。

成功人士常常是社團中的重要成員，給你一個良心的建議——事先規畫一下，在工作之餘撥一些時間參與社團活動，勤於出席公益團體或社區團康等等聚會，保證會有很多意想不到的收穫！

結論：學習者不一定是成功者，但成功者必然是擅長學習者。

李嘉誠，在年逾七旬之時，依然強迫自己每週讀完三本書、十本雜誌，讓自己時時了解全球最新知識，跟上時代的腳步，至今依然如此。而對於身處瞬息萬變的銷售人員來說，掌握新知識、新趨勢，了解社會動態、行業狀況、客戶最新情況，都有工作的必要性。學習則是讓銷售人員了解外部世界、跟上客戶步伐的最有效徑途。

對許多銷售人員來說，行銷生涯就像一場殘酷的戰鬥，是一場不間斷的、讓人無喘息餘地的追逐。在一次一次的勝利中間，夾雜著許多次拒絕和挫折，在喜悅、期待、得意與興奮之中，往往夾雜著恐懼、拒絕和失望。不論身處任何境況，也不論遇到多少次挫折，對於 Top Sales 來說，他們擁有的學習力讓他們始終相信：沒有困難，只有暫時停止學習。

對於 Top Sales 來說，學習力是指這樣一種能力——能夠快速地汲取最新知識，運用最新的 O2O 行銷工具，了解社會發展趨勢，了解當前客戶購買心理，能夠將學習到的知識與實際工作進行結合，讓理論與實踐水乳交融，發揮最強競爭力。

請你跟我這樣做

1. 利用「空杯」心態，貪婪地每週看完三本書。
2. 學習內容和範疇是產品方面的知識、銷售技巧方面的知識、社會禮儀方面的知識、激勵方面的內容、思維方面的內容等等。
3. 通過以下的形式去學習——自學法、課堂講授法、分組討論法、角色扮演法、腦力激盪法、個案研討法、野外拓展法、座談會法、業務對策法、個別輔導法、情景訓練法。

業務力 10 感動行銷

成為顧客狂，他們也會信任你

喬・吉拉德這樣說：

你銷售的不是產品，你銷售的是某一個問題的解答方案，你是在幫顧客解決問題。找出問題、擴大問題，讓顧客想到問題的嚴重性，就會產生需求，於是你去激發他的渴望、提升他的購買欲望，讓他知道有需要馬上解決的問題。

近年來，由於美國經濟衰退加上急速擴張店數，以及其他咖啡店的廉價競爭，星巴克的經營遇到了瓶頸，營運走下坡。星巴克全球總裁霍華・舒茲檢討發現，公司的方向出現嚴重偏差，星巴克逐漸變成主流商品，而使「品牌魅力」消褪。自動義式濃縮咖啡機讓店裡的氣氛蕩然無存，由於咖啡豆的密封包裝，有些店裡甚至聞不到現磨咖啡的香氣。舒茲發現他們對咖啡處理的態度已轉向，顧客感動不起來了，因此，他決定找回顧客對的品牌認同。

星巴克利用「感動行銷」力挽狂瀾

舒茲為了再次強化「感動行銷」的素質，重拾咖啡師的服務意識。他要求全美國的星巴克舉行一場浴火重生的培訓，讓員工精進自己義式濃縮咖啡的沖煮技術。據了解，在這場培訓中，每個員工都要用心完成每一個步驟，專注每一個細節，從咖啡杯的選擇、咖啡色澤的檢查、打出奶泡的時機，到遞交給顧客的心情，舒茲要讓每一杯咖啡都成為調理的藝術品。透過這次變革，星巴克又要回到那個重視感動行銷，以及文化體驗的黃金時代。

星巴克的覺醒與改變全繫於顧客的感受。競爭對手可以花大錢買最好的咖啡豆、用最優質的研磨機器，但那都只是工具。從行銷的角度來看，有形的東西都可以複製，唯有具備「用心、熱心」的關懷意識，真正能感動顧客，才是最後勝出的關鍵。

不錯！這是一個「感性消費」的時代，每一口咖啡都可以是一種心情的對話，它的魔力不在咖啡本身，而在那個空間所營造出來的特殊感受，這就是感性消費。

讓行銷深植於人心

我在演講培訓業界摸爬打滾這麼多年，經歷過不少挫折，能走到今天，客戶的好口碑、朋友的相挺、口耳宣傳一直都是我的精神支柱。當然，我一直秉持我的真心誠意、推陳出新的品質，和以無微不至的服務去感動客戶，才能有小小的成績。

「以人為本」是行銷的根本，不只滿足顧客，還要讓顧客感動才是最好的境界。提供最佳的品質、誠信，或者哪怕一個小小的細節、一句打動消費者的短短話語，讓行銷深植人心，讓顧客感動，同時用你的真心服務對方。只要你不會讓對方感到做作，下次他會不到你這裡消費嗎？

因此，我們要珍惜每一個建立關係的機會，強調態度、速度和細度的管理哲學，提供各種精緻周到的服務並以同理心相待，建立點點滴滴的服務與信賴，這樣，客戶自然會繼續光顧你的生意，變成你的推廣大使，免費替你宣傳。

要發展出感動行銷，首先要在心理上真心愛上顧客，因為顧客是衣食父母，要打動他們的心，就先愛上他們，並成為顧客狂。瞭解和滿足客戶真實需求，天下沒有不掏錢的客戶。

要做好感動行銷，先了解真實的需求

喬・吉拉德說：好好提高你的五官感覺去進行「體驗行銷」，並學習老一輩做生意的待客之道，這就是他們賺錢秘訣，雖然他們沒有在學校裡學過行銷！

感動行銷成功的關鍵，在於瞭解顧客的真實需求，才能針對性地滿足顧客的真實需求，感動顧客。如何瞭解顧客的真實需求？有五個步驟：

一、要瞭解顧客需求，先瞭解顧客背景。瞭解顧客的背景，可以經由以下途徑：

1. 判斷顧客的職業。顧客一進門，你就要眼觀六路耳聽八方，透過觀察，大致判斷出顧客的身份是商人、學生、公務員、工人、家庭主婦或是退休人員，以便「見人說人話，見鬼說鬼話」，讓人鬼都愛聽。

2. 判斷購買能力。根據顧客的穿著、打扮、髮型、膚色、氣質等，判斷出對方的經濟條件，根據人的經濟能力推薦不同的產品。

3. 判斷顧客的購買意向。瞭解對方是有意購買或是順便走走看看，以便分配你的精力，把有限的時間投向有意購買的顧客。

4.判斷顧客的角色。瞭解對方是個人使用、為家人購買或是為友人購買，推薦要因人而異，有的放矢。你可以透過客戶的隨身物品、言談舉止、穿著打扮、神態表情、肢體語言，逐步觀察以了解他的需求。

二、透過詢問、聆聽和思考，來瞭解客戶需求。首先，可以經由「詢問」來瞭解顧客的需求，詢問一定要結合產品賣點，而且最好是針對你們產品所獨有、別無分店的詢問。各個品牌都有的功能或者不如別家的強大，你就別詢問。其次是「聆聽」，在交流中，聆聽比說話重要得多，只有通過有效的聆聽，你才能瞭解客戶的真實想法、需求和意圖，才能讓你說的話有說服力。最好就像聽父母、領導、老師講話一樣專注，向對方傳遞一種「我很想聽你說話，我尊重和關注你」的訊息。還有，不要打斷客戶講話，並適時給予適當的鼓勵和恭維。

這樣，顧客會告訴你更多。你在與客戶溝通的時候，要通過客戶說的話進行思考，來瞭解客戶的需求。

由於客戶對產品知識的瞭解有限，可能無法準確講出他們的需求，這種情況下，你應根據所觀察到的線索和客戶的言語，來確定客戶的需求。有些時候，客戶所表述的要求不一定是他真正的需求，你一定要根據觀察和聆聽以及思考，逐步瞭解他真正的意圖。

三、搞清楚顧客購買行為的5W和1H。在當今市場上，要進行有效的銷售活動，必須搞清楚顧客購買行為的五個W和一個H，就是「什麼事（What）」、「誰（Who）」、「哪裡（Where）」、「何時（When）」、「為什麼（Why）」、「如何（How）」。

四、要瞭解顧客希望得到什麼體驗。一個銷售方案是否成功，在於是否滿足顧客的需求，說服時，你的每一句話都要讓顧客感動才行。要持續創造業績，最重要的是如何快速洞悉顧客的需求，並先想清楚你的客戶會希望獲得何種體驗。

五、要幫助顧客瞭解他的需求。對Top Sales來說，價格絕對不是造就優異業績的致勝關鍵，真正的關鍵在於他很瞭解顧客的需求價位，讓顧客看到CP值最高的產品。他們提供平實而中肯的產品資訊與各種輔助建議，最後讓顧客有時間靜思他們要什麼，讓他們自己決定，永遠都做利人利己的事情。

六、找出顧客的問題，然後去擴大這個問題。擴大問題的嚴重性，客戶聯想到這個問題的嚴重性之後，就會產生強烈的需求，然後你去激發他的渴望、提升他的渴望，讓他知道他有多麼需要馬上解決這個問題。

瞭解顧客的真實需求後，接下來就要幫助顧客得其所欲，讓顧客喜歡你，產生感謝和感動的情緒，讓顧客信賴你和愛上你推薦的產品或者服務。

結論：打動顧客的心，增加顧客的信任感。

當今的競爭，不只是產品價格、品牌和品質的競爭，還要加上「人」的競爭，也就是「服務水準、服務速度、服務內容」的競爭。如何進行感動行銷，讓顧客信賴你的公司，喜愛你推薦的產品或者服務，正是你應該全力以赴去解決的問題。

在銷售中進行感動行銷，要先愛上顧客，然後確認他們的需求，幫助他們得其所欲；打動他們的心，讓對方感受到你的真誠，這樣才可以增加顧客對你的信任感和滿意度，贏得良好的口碑。

請你跟我這樣做

1. 先透過詢問、聆聽和思考，來瞭解客戶需求，再進行感動行銷。
2. 任何品牌都可以進行感動行銷，如果你的產品與生活消費有關，最有效。
3. 服務水準要競爭、業務要進行服務速度和服務內容的競爭。

Part 2

心態
決定你的業績

相信顧客會買單，訂單就會源源不絕

喬・吉拉德這樣說：

樂觀會激發出更多的信心，你的正面心態會顯現出來，景氣不好時，若沒有「樂觀」的性格，事情很難順利。

一個永遠朝著自己目標前進的人，整個世界都會為他讓路。反之，失敗不是因為缺乏實力和機會，而是我們很容易被環境所左右，習慣於隨波逐流、缺乏主見，心態不穩定是容易挫折和退下陣仗的緣故。

溝通技巧重要，談判技巧重要，但心態更重要。

社會新鮮人若有意投身業務工作，必須對你投入的產業非常感興趣、愛學習、重誠信、懂得察言觀色、有溝通能力，更重要的是，要抱持「樂觀」的態度迎戰一切，才有機會成為Top Sales。

我們都知道「心態」決定一切，我認為其中「樂觀以待」的心理素質特別具關鍵效果。因為，若遇到重重問題，他們都能以「好事情」馬上會出現而願意撐到最後一秒，從而能輕輕鬆鬆談到一筆生意。

對於需要透過大量溝通技巧的業務來說，即使深諳產品知識、專業知識，也具備爐火純青的說服力，但為何業績老是乏善可陳？原因很多，其中一個原因可能是他們少了些樂觀的性格和作為，如果一開始就打從心裡不相信面前這小氣巴拉的傢伙，或惡名昭彰的奧客會購買或購買很多，那麼就算有再好的產品都推銷不出去。

「回想成功經驗」是一種樂觀的養成法

一位知名演說家說：「樂觀是什麼？樂觀就是轉換心情，走出不愉快的陰霾，並寄望於明天，盡全力在今天！」

還記得剛做業務頭半年，每天不斷遇到想像不到的拒絕和批評，心情很沮喪，我相信這是所有業務工作者的共同難題。當時我不懂得放鬆自己，或是對自己進行什麼自我催眠，也沒有跑到海邊大吼幾聲，更沒有呼朋引伴去夜店喝一杯小酒，排除負面的訊息。當時我只試著想一想過去拿下業務冠軍獎盃的成績。我以這樣的方法度過了三個月，我發現「回想成功記錄」是一種樂觀的養成法，簡單地幫我去除悲觀的情結，讓我以積極心態處理拒絕和批評，最終贏得好成績。

我從這個實戰經驗當中發現，一個銷售人員最重要的特質就是樂觀。樂觀就像「救生圈」一樣，當你快要沉到海底時，若能掌握這一個救生圈，就能讓你繼續漂浮著。

沒有樂觀的性格，事事難順利

有一則軼事這樣說：據說乾隆年間，有位秀才進京考科舉，已經兩次都沒上榜，這回再次趕到京城，住進一家悅來客棧。考試前三天，他做了三個夢，第一個夢是夢到自己在牆上種白菜；第二個夢是下雨天，他戴了斗笠還打傘；第三個夢是夢到跟心愛的表妹脫光了衣服躺在一起，但是背靠著背。

這三個夢似乎有些深意，秀才醒過來之後，趕緊去找算命師解夢。算命師一聽，連拍大腿說：「你還是放棄吧！你想想，高牆上種菜不是白費勁嗎？戴斗笠打雨傘不是『多此一舉』嗎？跟表妹都脫光了躺在一張床上了，卻背靠背，不是沒戲唱嗎？」

秀才聽了後，感到心灰意冷，立即回客棧收拾包袱準備打道回府。

客棧店老闆見狀後非常訝異，問他說：「不是明天才考試嗎？怎麼你今天就回鄉了？」秀才把做夢、解夢的事情敘述了一番，沒想到店老闆聽了興高采烈說：「喲！我可是解夢高手。我倒覺得，你這次一定要留下來。你想想，在牆上種菜，不是『高中』嗎？戴斗笠打傘，不是說明你這次『冠上加冠』？跟你表妹脫光了，背靠背躺在床上，不是說明你『翻身』的時候就要到了嗎？」

此番話讓秀才振奮不已，於是精神奕奕參加考試，果然中了個「探花」。

這則軼事告訴我們，很多時候，我們不是輸給競爭對手，而是輸給了自己。在與競爭者一爭高下時，我們提供的企畫書、解決方案和綜合實力並不是沒有贏的希望，而是由於「悲觀」的心態，自己把自己先打敗了。

因此，無論在任何領域競爭，如果沒有樂觀的性格，很難有好成績。因為有樂觀的性格，就不會以稍微領先一步的成績而得意忘形，也不會因為受到挫折、困難而悲觀、絕望，不會因為客戶的無端拒絕而垂頭喪氣，也不會因為沒有完成任務而怨天尤人。

「忘卻困境的人，才能漸入佳境！」有時溝通是一個緩慢而需要協調的過程。悲觀是一種消極頹廢的性格和心境，想想看，如果你預先抱持者悲觀的心態，就會容易陷入悲傷、煩惱、痛苦之中，而在困難面前一籌莫展，進而放棄。如果用這樣的心態去與人溝通，很容易得到負面的結果。情緒是具有感染力的，樂觀和悲觀都是一種心靈的力量，每個人都可以自由選擇，讓自己成為一個樂觀或是悲觀的人。

抓住溝通時的「救生圈」

以下六個魔法真的很神奇，它們能幫助你達到事半功倍的溝通力。你不必同時採用，只要從中挑選幾項你覺得適合的即可。要成為一個擁有樂觀救生圈的人，在面對拒絕和挫折時，要相信這只是暫時的，並非永無生機，更重要的是，這跟個人的成敗一點關係都沒有，千萬不要「怨天尤人」。有點像是「吸引力」法則，只要你相信好事一定會發生，不但心情會輕鬆許多，而且成功看起來也不會遠在外星球上。

一、想像狀況會變得愈來愈好。碰到溝通不良的狀況，要假想它對未來影響不大、只是暫時性、局部性的問題，而且它一定有解決的方法。這樣一來，就很容易找到有效溝通的正面結果！

二、告訴自己：其實沒這麼糟！雖然溝通不順利已發生，但它不像你想的這麼糟糕。這方法聽起來有點「老土」，但還蠻管用的！

三、馬上檢討失敗的原因，改變溝通的方法。碰到失意和挫折時，應盡快檢討失敗的原因並找到問題，改變溝通的對象、地點、內容和方式，不能固執己見地繼續溝通下去，或是以無所謂的態度從失敗走向失敗。

四、盤算一下自己的福氣。遇到問題或陷入絕境時，千萬不要去盤算自己不如意的地方，反過來感恩地檢討，這樣，反而能從中找到機會、看到希望、找到解決的方法。

五、改變你的習慣用語。不要說「真倒楣！又被拒絕了！」而要說「好運馬上就要到了！」不要說「他們怎麼能說價格太貴，沒誠意！」而要說「我知道該怎麼處理了」。

六、確信「否極泰來」。相信凡事到低潮之後一定會反彈，再現高潮，確信會否極泰來，事事都有峰迴路轉的可能。盡量採用正面詮釋，能幫助我們迅速從失敗中站起來。

樂觀開朗的心態，需要反覆的學習與操練

樂觀開朗的心態需要長期不懈的學習，它就像一種熟練的技藝，手到自然心到，很快就會成

為習慣。就像打高爾夫球一樣，你可能在某個時刻打了一兩桿好球，便以為自己懂了這項運動，但在下一個時刻，你可能連球都擊不中呢！因此，我們需要藉由每一次失敗來臨時的學習，以克服自己的悲觀習慣，將自己調整為正向的思維方式。

結語：經常保持「樂觀以對」的心情。

有人說：「命好不如心態好！」是的，樂觀就是一種好心態。做銷售，不管外在情況多險峻，只要我們一直保持樂觀以對的心情，使它成為一種「打開心靈之門、增進業績智慧」的好習慣，訂單一定會湧過來！

永遠要記住，「挫折」是老天給我們最珍貴的禮物，而「樂觀」正是打開禮物盒的那一把鑰匙。

請你跟我這樣做

1. 只要改變對情境的想像方式，就可能改變你的心情、溝通技巧、解決方法和績效！
2. 擁有樂觀「救生圈」，讓自己永遠能浮起來，求新求變！同時也要小心別過度自我膨脹！
3. 培養一定的「韌性」，在挫折後還可以讓自己強韌地重新站起來。

業務力 12 自信心

自信，是通向銷售巔峰的天梯

喬・吉拉德這樣說：

昨天，是張作廢的支票；明天，是尚未兌現的期票；只有今天，才是現金，才有流通的價值。當你建立自己的信心時，不能老想著「以後再做」，因為根本沒有明天這回事。

話說，有一戶人家準備在院子中挖一口井，這家大少爺看到工人正努力開鑿，心想：「挖井會不會破壞祖先風水？怎麼不先請風水老師來看一下呢？而且鑿井成功後，危險重重！幾年後我成婚，生了孩子，小孩子一定會很喜歡在院子裡玩，這口井這麼深，萬一他不小心跌下去，沒人看到，那該怎麼辦？我不知道未來會怎樣，不知道還能不能安安心心過日子？」這個大少爺愈想愈擔心，愈想愈鬱悶，愈想愈害怕，結果，井都還沒挖好，他就擔憂過度一病不起了！

擔憂過頭難成大事

「擔憂」在行銷業務工作中，還真是屢見不鮮！

有些業務員為業績擔憂，有些為生存而擔憂，有些為外表擔憂，有人為急欲討好身邊的每一個人而擔憂。

很多時候擔憂過了頭，只是把事情給想得太多、太過、太複雜、太權術，這是沒有自信。擔憂成了信心的病毒，弄得千斤重擔在心頭，不但達不到預期成果，還徒增壓力和煩惱。

任何業務員都應該有自信心，不然就是奴才。但是，自信並不是自滿。

自信，是助你擺脫擔憂的解藥

如果不順利時，有一把「梯子」可以讓你藉著不順的事物往上爬，那該有多好？一旦遇到不如意的事，心念一轉，瞬間轉念，就可以少一點擔憂，負擔減輕一點，這樣就有機會施展出自身無窮的力量，找到解決的方法，過著正面、幸運和快樂的好日子。

許多人在臉書上請教我：「如何把業務工作做好？如何才能培養一流的業務人才？」其實，

業務工作要做得好，觀念和技巧都可以透過訓練養成，最難的在於心態有沒有自信心。

做業務一點都不難，但一定要有自信。能夠提升銷售力的唯有自信，業務人員要推銷給客戶的第一樣東西就是自信。除非出於同情，不然沒有人願意把生意交給弱者，大家都會選擇能幹而有自信的人。

怎麼樣才會有自信？當你要上台演講，如果你沒有認真準備，再膽大自信的人也不敢認為自己一定能表現得好，更何況是沒自信的、膽小退縮的人呢？因此，凡事做好充分的準備就能造就自信。

簡單來說，任何事情都不要往壞處想，多從正面角度去思考，做好充分的準備就能造就自信。

喬・吉拉德這樣消除恐懼建立自信

銷售之神喬・吉拉德說：「今天，決定你明天會成為一個什麼樣的你。所以你要立即行動，將害怕、怯懦的思想從心中永遠除去。」喬・吉拉德曾經運用幾種方法幫助自己消除恐懼，增加自信和勇氣，他認為這些方法也會幫得上你。

一、相信自己。告訴自己「我能做得到！」把這句話寫在你浴室的鏡子上，每天大聲喊上幾遍，讓它們浸入你的心靈。

二、結交樂觀自信的人。這樣的人能帶給你積極向上的奮鬥動力，無論任何時候你都不要畏懼失敗。

三、堅定信心。自信會讓你產生更大更強的信心，這種力量能促使你走向成功。

四、主宰自己。汽車大王亨利・福特曾說，所有對自己有信心的人，他們的勇氣來自面對自己的恐懼，而非逃避。你也必須學會這樣，坦誠面對你的自我挑戰，主宰你自己。

五、勤奮工作。無論你從事什麼工作，要想有所作為，只有踏實勤奮才能向成功靠攏。

喬・吉拉德說：「如果你要受人歡迎，那你必須具有絕對的自信，這一點非常重要。信心使人產生勇氣。假使我們對自己沒有信心，世界上還有誰會對我們有信心呢？」是的！你對自己都沒有自信，客戶自然對你也沒有信心，他怎麼敢向你下訂單？因此，你應處處表現出自信，展現你的美德。

自信是一種正向思考

自信就是一把梯子，是一種正向思考，相信自己的優勢、強項與潛力，可以創造高期望的情緒，讓自己的潛能愈爬愈高，並讓快樂指數一直向上攀升。如果能製造正面的期望，就會創造出正面的結果。

要找出天賦所在並養成後天的生存能力，後續的成功則在於自信——相信自己能夠獲勝。特別是在艱困的時候，需要付出更多努力，以加強負責、合作、創新和奮戰不懈的精神，堅持到底，創造勝利的紀錄。

也就是說，缺乏自信並不是因為出現了困難，反而，出現困難是因為缺乏自信。面對問題或遇到麻煩時，如果能保持頭腦冷靜，就能讓你的奮鬥指數愈來愈高，激發正面的行為，更有可能勝利。

增加自信的五條途徑

在競爭殘酷的工商業社會中，沒有自信等於沒有競爭力！

在職場上無法如魚得水或鯉躍龍門的人，除了缺乏方向感之外，缺乏自信也是重要的原因！缺乏自信，會對現實和未來抱持悲觀的想法，同時也缺乏勇氣去面對殘酷競爭的現實，因此無法在工作中感受到挑戰的興奮，和克服困難的滿足。

以下是增加業務人員自信的五條途徑：

一、趕走讓你失去自信的人。自信是態度而不是個性，怎麼培養全靠你自己。天生我才必有用，你總有一項比別人強的本事，可以讓人覺得你可靠；同時，你要隨時隨地激勵自己，不被別人的意見拉著走，就可以增加自信。如果周遭有個老是想打擊你的人，請盡快遠離他！

二、沒人能給你自信，但沒人幫也得不到。多跟成功者、樂觀的人、積極的人接近，這對自信的建立，絕對有幫助。美國的著名心理治療師巴登・高史密斯（Barton Goldsmith）博士指出，如果父母沒讓你有自信，你得自己找心靈導師；接納別人的想法，不會讓你沒面子。

做一點好事，你會賺到很多朋友，當你讓朋友得到啟發時，記住那一刻。你應該參加一些有益的社團，最好乾脆組一群人來支持你。

三、生生不息的持續學習。不斷學習，與時俱進自然會讓你更有自信，創造正向的力量！缺乏自信可能是因為懂得不夠多，持續學習、多元化學習是得投資時間及精神的！保持謙卑，保持持續學習的心態和作風，是增加一個人自信的重要動力。

四、好好疼惜自己、喜歡自己、肯定自己。對大部分人來說，有沒有自信很大程度上取決於自己。你寶貴的時間要用在想「機會」，不是想「失敗」；要有勇氣去挑戰任何的比賽、競爭，要贏得第一名，也要享受過程。你知道自己還不夠好，但你得好好疼惜自己、喜歡自己，設法找出突圍的方法，如果一開始就對自己不夠好，你會寸步難行。

不斷地自我鼓勵、自我肯定，就能擁有一定程度的自信。反之，做事畏首畏尾，自信就會愈來愈差。

五、調整你的身體語言。你只要面帶微笑、坦率開朗、身體向前傾、友善的握手、目光對視、點頭，給人的外在印象是親切、隨和，肯定能立竿見影，馬上變得膽大、自信。

自信是對自己的勝利預言

一個滿懷自信和決心的人，贏過一萬個膽怯畏縮的人。自信是路、是橋、是通向銷售巔峰的天梯！自信是信心、是力量、是成功的標誌！

總之，對自己一定要有相當程度的自信，如果瞭解這一點、洞察這一點，你就站在了銷售巔峰的入口處，就已經置身在成功的起跑線上了。這樣一來，你會讓一切更上軌道、更上一層樓，業績長紅就輕鬆容易了，祝賀我們自己，歡呼我們自己吧！

請你跟我這樣做

1. 運用「肯定自己」的方式輸入潛意識，如：「我喜歡幫助人們做出購買決策」，每天大聲地重複這些語句二十一次，你很快就會發現自己行為的變化。
2. 對自己所要銷售的產品有完全的認識，這樣，溝通解說起來就不會心虛，而會自信滿滿！
3. 每天工作開始的時候，都要鼓勵自己：「我是最優秀的！我是最棒的！」

業務力 13 行動力

立即、馬上向客戶要求下訂單

喬・吉拉德這樣說：
我一定會讓你買我的產品，因為我一直在行動！

有兩位和尚大談抱負。甲和尚問乙和尚：「要不要跟我一起去西天取經？」

乙和尚不可置信問甲和尚：「西天的路途那麼遙遠，你又沒錢，打算用什麼方法前往呢？」

甲和尚說：「我計畫用苦行的方式，也就是靠著自己的一雙腿，兩隻手捧著一個缽，沿路化緣前往。」

乙和尚聽完之後，頗為不屑地說：「這幾年來，我一直想買一輛馬車、四匹駿馬到西天取經，卻都因為事情牽絆未能成行，你身無分文，只靠著兩隻腿，又如何能到達西天呢？要去，你就自己去吧！」

三年後，甲和尚順利從西天取經回來，他去找乙和尚，並分享他取經的經過和心得。乙和尚聽了以後，慚愧得面紅耳赤又感動莫名！

由此看來，成功的人與那些蹉跎人生的人的最大區別就是——辦事言出即行，馬上行動！

想得好、計畫得好都是聰明，但做得好才是最聰明

如果想做，就二話不說立即行動，想停止，就不要再猶豫不決馬上停止，並且輕鬆愉快地持續下去！

商業世界中的業績，是把專業知識轉換成行動所創造出來的，光有專業知識沒有行動，是無法產生績效的。Top Sales 絕不會是「語言的巨人，行動的侏儒」，一般都是行動家，不是空想家。每一個做業務賺大錢的人都是實戰派，絕非理論派。

我年輕時就發現箇中道理，於是我承諾自己，只要想到有可行的機會絕不推託，一定要立即

行動，並養成立即行動的好習慣。從這以後，無論做什麼事，我開始一步步走向成功之路。

開口向客戶要求成交的勇氣

我剛開始做業務時，每次拜訪顧客都熱情無比、充滿幹勁地為顧客介紹產品，為他們解說產品的所有資訊。但是等到產品介紹完畢，我反而會遲疑地問對方：「請問，您覺得合用嗎？」這時對方總是回答：「把資料留下來，我再考慮看看！有需要再跟你聯絡！」

起初，我信以為真，以為回到辦公室將會電話響徹雲霄，但我卻永遠等不到客戶打電話來。幾次之後，我才發現，所謂的「我再考慮看看！」真正的意思其實是：「再見，我想我們永遠不必再見面了！」我恍然大悟，原來我失敗的原因跟我賣的產品、價格、市場需求，甚至競爭對手都沒有關係。原因出在我自己身上，因為我從來不敢主動要求顧客下單。

有一天，我覺得真的受夠了！當我又聽到顧客對我說：「我再考慮看看，你過幾天再打給我吧！」這次我不再像過去那樣委曲求全、接受顧客的藉口後乖乖回去，我突然講出了一句改變一生的話。

我自信地說：「很抱歉！可能沒辦法。」

「你說什麼？」對方顯得有點驚訝：「你沒辦法？」

我直截了當說：「是的，該讓你知道的資訊，我已經一五一十解釋清楚了，為什麼你不乾脆現在就買呢？」

他看看我，再看看手中那本簡介，最後抬起頭來說：「好吧！那我就買了。」他當場在訂單上簽名，付清訂金，然後謝謝我來拜訪他。

我走出大門時，手裡握著訂單，整個人像氣球一樣輕飄飄的，我告訴自己：「我終於不怕開口，採取正確的要求行動，業績終於有突破了。」

我多年的業務經驗告訴我，成功不是靠別人的幫助，也不是靠機會的垂青，而是靠自己實實在在的「行動」。如果你想真正發揮「月進斗金」的能力，除了必須學會關鍵的銷售技巧和心理學，最重要的是——學會怎麼要求顧客下單、成交買賣。

我們都知道：任何美麗的藍圖，如果不動手構築，終究無法變成美麗的實景。

「心動」會燃放熱情，「馬上行動」才會心想事成。任何的豐功偉業，如果不「採取正確的行動，付諸行動」，它還是不起眼的小事一樁啊！

業務成果和登門拜訪的次數成「正比」

如果你要贏得更佳的業務成果，必須增加你的訪問次數才行。至於訪問次數應該多少才算達到標準呢？這要根據商品類別、跑業務的方式、顧客的狀況等等而定，無法一概而論。

同時，你每天必須付出兩個小時的洽談時間。基本時間為兩個小時，這是一般的統計數字，是所有業務人員每天的平均洽談時數。因此，標準的拜訪次數，就是確實掌握一天兩個小時洽談的時間數。

再具體一點說，如果每次平均洽談時間是十五分鐘，那麼一天就是八次左右；每次平均三十分鐘的話，就是四次左右。

養成立即行動力

專家建議：想做，就馬上行動，想停止就立即停止，並且輕鬆愉快地持續下去，無須勉為其難、咬牙硬撐，也能達到最後目標！

縱使在行動中屢屢挫折，也無須氣餒，只要你有立即行動力，就算再大的困難，也難不倒你。機遇和成功只垂青馬上行動的人，只有勇敢採取行動，才能在關鍵時刻頂上去，甚至有機會因此嶄露頭角。

搬開成功路上的絆腳石

不要受制於人，Do It Now！如果你因為恐懼感而裹足不前，你可以利用以下三個方法，精準掌握當下，比任何人都早一點採取正確的行動。只要能做到這三項，保證你從此鹹魚翻身，變成超級業務。

一、做自己的啦啦隊長，不斷激勵自己。一切的一切都毫無意義，除非我們能比其他人早一點付諸行動。最重要的是，學會怎麼要求顧客下單、成交買賣。

要克服裹足不前的恐懼，就要先做自己的啦啦隊長。無論何時，當立即行動這個警句從你的下意識閃現到有意識心理時，你就該立即行動，開口要求顧客下單。從今往後，你要一遍又一遍時時重複「立刻行動！立刻行動！立刻行動！」直到成為習慣。好比呼吸一般、好比眨眼一樣，讓它成為本能。這可以更堅定你的意念，幫助你快速地把日積月累的拖延壞習慣連根拔除。

二、拋棄完美主義，不怕開口要求顧客下單。開始行動的最佳時間也許是後天，不，其實就是「現在」——此時此刻。

如果等待相關條件都完美了才開始行動，可能會錯過好時機，甚至讓競爭者乘虛而入。你若想等條件都完美了才開始行動，很可能永遠都不會開始。現實世界中沒有完美的開始時間，因此，你必須在問題出現時馬上面對它，看到機會出現在眼前，馬上勇敢採取行動，並把它們處理好。

三、明天或下週的事情，還沒到來就不要多想。如果你過多地思考過去或將來，那麼你將一事無成。行動會驅逐猛獅般的恐懼，減緩為螞蟻般的平靜。請把注意力集中在你目前可以做的事情上，同時，不要去煩惱之前什麼事沒有做好，也不要去考慮明天客戶會不會主動把訂單送到你手上。只有現在才是你可以主宰的，好好掌握當下機會，如果不開口要求訂單，怎會有好結果。

行動就是廢話少一點，做就對了！

現實是此岸，理想是彼岸，中間隔著湍急的河流，「行動」則是架在河上的橋樑。行動就是廢話少一點、藉口也少一點，做就對了！

記住，心動的想法本身不能帶來成功。想法很重要，心動也很重要，但是它只有在被執行後才有價值。心動不如馬上行動，有這麼多精彩的機會、幸福及財富在等著你，可別讓人生美好的時光留白！

請你跟我這樣做

1. 捨棄裹足不前的一些藉口，馬上改掉「光説不練、光想不做」的習性，搶得先機，行動力就就是你的超能力！
2. 堅持「今日事，今日畢」，不然不睡覺。
3. 有時不要想太多，只要具備「高速、強猛、有效」的行動力，勇往直前去做就對了。

業務力 14 誠實

誠實是最好、最猛、最持久的銷售戰略

喬・吉拉德這樣說：

在以前還是個初出茅廬的推銷新手時，我總是盡最大的努力地說「真話」，有什麼說什麼，是什麼說什麼，且引以自豪！

如果你問顧客，為什麼會點頭買下你銷售的產品，80％的人會告訴你：「你看起來很實在啊！我覺得你很老實，你值得『信賴』，我『信任』你說的每一句話！」

我初出道從事「大顧客銷售」工作時，對於如何「一次成交」的魔力相當好奇，於是，向一位前輩請益。他毫不保留地指導我，他帶著詭譎的眼神，微笑地說：「這不是天大的秘密，『一次成交』最基本的秘訣在於絕對誠實，贏得顧客最大的信賴。」他是一位頂尖高手，我非常佩服和景仰他，我馬上學到了他教我要贏得顧客信賴的黃金法則——誠實坦白的方法最安全、最管用。我聽了之後，即知即行，確實去做。「誠實能使萬事如意」果真十分靈驗，業績突飛猛進，直線上升，而且屢破公司的最高紀錄。

誠實本身是最好的銷售策略，也是最威猛的競爭優勢，你是不是可以拿到訂單，或者顧客會不會繼續光顧，全看顧客對你的信賴程度而定。

在一次新人訓練課程中，喬・吉拉德對新進夥伴們分享他獨占鰲頭的關鍵時說：「『誠實』，讓我成為全球第一名的推銷員。每次推銷，我總是坦白地告訴顧客：『我不只是站在車子後面，我更能理直氣壯站在每部我推銷的車子面前，我會一五一十告訴你這些車子所有的一切，絕不會有任何的隱瞞，請相信我！』大家一定要相信，沒有任何銷售技巧可以取代誠實的地位。」

沒有任何銷售技巧可以取代誠實的地位

無獨有偶，有一回，金革唱片總經理陳建育應邀到成功大學演講，主題是：「如何在三十歲以前培養競爭力？」有位學生請教他：「一個成功的推銷員，要怎樣讓人覺得他很好、很感動，會覺得他講的話非常有道理，要怎麼樣才能成功推銷自己？」

陳建育答覆說：「以前我常常告訴我們員工，誠實是無敵的，業務人員說話一定要很誠實。我跟顧客開價一定是最誠實的價錢，早期業務人員有所謂的賺外快，例如這個東西是五百元，我們開價六百五十元好讓顧客殺價，並告訴他六百五十元已經很便宜，然後再找機會給顧客降一點價格，顧客就會買單。可是實際到公司報帳只要報五百元，其他多出來的就是業務的外快。可是我從來不做這種事情，因為我賣的就是公司的底價，有很多顧客都是主動找我買東西，所以我說誠實很重要。」

「我很喜歡幫顧客做售後服務，因為我希望他們買了我的東西後一定要使用，所以，我每天回家就會打電話給我的顧客，問說：『你用了沒？』有時顧客會很害怕，他們回我說：『會去用。』並且叫我不要每天打電話來，後來那些顧客都變成我的死忠顧客，還常常幫我介紹新顧客。有一段時間，我早上都還沒出門就有四、五通電話打來要跟我買東西。別的業務員跑了兩、三天，跑不到四、五個顧客，我一天還沒出門就有四、五個顧客。所以說，誠實是無敵的。」陳建育微笑自信地補充說道。

誠實是無敵的！每次面對顧客，你非做不可的就是讓自己成為「顧客最信賴」的業務人員。

要如何做到這一點呢？我給你一個最好的建議：「永遠赤裸裸地站在顧客面前，百分百的『誠實』面對顧客！」

誠實有最強的說服力

以前，我銷售過世界知名的舒適牌（Schick）刮鬍刀，我從中學到的一堂做業務的必勝關鍵課，就是「做不到的事情，就要勇敢說做不到！」

舒適牌刮鬍刀是世界名牌，價格比同業高出許多，因此，大盤客戶喜歡「殺價」。面對大盤客戶的降價要求，業務人員多少會退讓，依一般市場行情給一點折扣。但我一向遵照公司規定的牌價，從不降價，因為公司產品品質特優，又一直有廣告促銷，所以能一直熱賣，大盤客戶一定會賺錢。

當時台北市有位倚老賣老的資深百貨大盤，和我周旋價格五次，我從一開始態度就非常和緩，好說歹說，堅持無法降價。有一天，這位百貨大盤突然下了一筆大訂單，他說，他已充分了解我無法降價的原因，因此決定以其他方式來降低成本。

因此我認為，業務要有說「不」的勇氣，唯有信心十足地以理說明，使客戶口服心服，才能和客戶保持長久關係。

喬・吉拉德相信「誠為上策」，這是你所能遵循的最佳策略。可是策略並非法律或規定，它只是你在工作中用來追求最大利益的工具。因此誠實就有程度的問題。推銷過程中有時需要說實話，一是一、二是二。說實話往往對推銷員有好處，尤其是顧客事後可以查證的事。

誠實是一種極為難得的特質

莎士比亞說得好：「寶石雖然掉在泥土裡，仍是寶石；沙粒被吹到天空中，還是沙粒。」

你想要贏得顧客百分之百的信賴，首先就得要在言行、舉止上，處處表現出誠實的特質，因此我建議你：

一、不要誇大產品的功能、效能和好處。

二、不要刻意欺騙顧客，一次都不能騙。

三、不要說一些自認無傷大雅的小謊。

四、不要要求別人替你圓謊。

喬・吉拉德教你展現誠實的形象

至於，要如何在顧客面前展現誠實的形象？喬・吉拉德有一套方案非常有效，值得學習，以下就是他培養自己凡事誠實的特質，及建立誠實形象的三個方法：

一、要對自己忠實。相信每個人都明白一句推銷名言：「要向顧客推銷自己之前，一定先要把自己推銷給自己。」所以，你要對顧客誠實之前，就必須先對自己誠實，唯有先對自己忠實，才不會去欺騙別人。

二、要三思而後言。當你跟顧客溝通時，不要急著開口，在說出每一句話之前，先仔細想想：「我說的是不是真的？」除非你能夠誠實的回答：「是。」否則，不要輕易開口說你想說的話。

三、要用寬厚來緩和實情。實話常常很傷人，但遇到必須要講出實話的時候，只要適時加入「寬厚」或「幽默」的情感下去，就不會讓彼此尷尬錯愕，交易就比較可以順利地進行下去。

結論：誠實，是促使完成交易的力量泉源。

有人說：「誠實，是促使自己和顧客完成交易的力量泉源。」絕對誠實，絕不欺騙顧客，因為「你可以騙到一個人，但不可能欺騙世界上每一個人；你可能欺騙一個人於一時，但絕不可能欺騙他一輩子。」

換句話說，如果你讓顧客覺得你的人格有問題，言行不一致，你會喪失許多即將到手的買賣。你不誠實、欺騙顧客，或許可以得逞一時，絕不可能橫行一世，只要被人揭穿一次，輕則一世英名毀於一旦，重則觸犯法條、鋃鐺入獄。得失如何，不問自知。

記住：誠實永遠是最好、最猛、最持久、最打動人心的戰略；誠實是確保長期贏得人心和獲利的策略。

請你跟我這樣做

1. 誠實是保證長期銷售必勝和獲利的策略。你也許可以仗著欺騙的手法暫時騙到一筆生意，甚至還可以小賺一筆。但是，如果你想長期維持互利的客戶關係，誠實銷售法是你最好的選擇。
2. 不管是對顧客說話或處理公司內部事務，你都要堅守誠實原則。
3. 誠實地面對問題，才能贏得客戶更多的尊重。

徹底清除腦袋中恐懼的蜘蛛網

喬・吉拉德這樣說：

恐懼的人，心將受苦，因為恐懼會使他痛苦！

有位年輕人問我：「拜訪客戶時，偶爾遇到需要脫鞋的場合，腳上的異味讓我十分困窘，嚴重打擊我的自信心，讓我有了所謂的『拜訪恐懼症』，請問如何是好？」

我告訴他：「要登門拜訪客戶，腳臭的問題千萬不能忽視，不去理會只會讓拜訪恐懼症愈來愈嚴重。解決之道是除了多穿透氣性佳的鞋子之外，更要換穿快速吸汗的機能性除臭襪，能有效減少異味的產生。雙腳保持乾爽舒適，一段時間之後就不會有異味，拜訪恐懼症就可以不藥而癒了！」

「拜訪恐懼症」如果是因為「腳有異味」而造成，那很容易解決，但是因為害羞、自卑或經驗不足造成的「銷售恐懼症」，就需要針對問題去「對症下藥」了！

銷售恐懼症的唯一特徵，就是從事業務工作者對於拜訪感到害怕，缺乏信心，怕被客戶拒絕，不好意思討價還價，不敢開口要訂單等現象。多次被客戶拒絕或被不禮貌對待的經歷，的確會讓人對拜訪產生極大的畏懼，導致心理脆弱、意志消沉。很多業務新手，都是因為這個原因而放棄了銷售工作。新手只有從畏懼的陰影中走出來，銷售工作才能步人正軌，不然，很快就陣亡。

銷售恐懼症的程度大小，與實戰經驗的多寡成反比，業務工作做愈久、愈多就愈不怕，因此，不斷去訪談、溝通，恐懼感就逐漸散去。

去做恐懼的事，下手去做！馬上就做！

美國聯合保險公司的創辦人和主席克萊門特・斯通（W. Clement Stone），在一次接受記者採訪時，解說自己能夠贏得輝煌成就的重要關鍵時說：「我做業務之初，跟一般人一樣，非常生澀、羞澀，我當時無師自通，靠著積極的心態，用執著和戴著鋼盔向前衝的精神，來克服心中的恐懼，無所恐慌去敲開陌生客戶的大門。」

他回憶第一次出去推銷保險的窘境：「我站在大樓外的人行道上，一面發抖一面默默地念著自己信奉的座右銘——如果你做了，沒有損失，還可能有大收穫，那就下手去做！馬上就做！」

「於是，像當年第一次賣報紙時那樣，壯著斗大的膽子走進大樓，這一次我沒有像上次一樣被踢出來。當天，雖然只成交了兩筆生意，但我知道我有克服恐懼的勇氣了，而且還想出了克服恐懼的技巧。」

克萊門特・斯通克服恐懼的技巧是什麼？原來他隨身帶著一個「戰勝恐懼」的法寶，只要每次出現膽怯的情緒時，它就拿出這個法寶來激勵自己。這個法寶有兩面，正面寫著「積極」，背面寫著「消極」。

克萊門特・斯通的這個法寶有兩種移山填海的力量——當你使用正面時，它可以幫你攀登到頂峰，並在那裡看到絕妙的風光，幫助你心想事成、贏得更多生意、冠軍與財富；當你使用背面時，它會使你總是看到事物最壞的一面，使人不敢奢求、不敢行動，甚至不敢開口請求顧客購買，它會抑制潛能的發揮，剝奪一切你所渴望的、有意義的東西。

也就是說，克萊門特・斯通透過努力奮鬥成為富豪，靠的就是「不怕丟臉的精神」，他希望我們運用「不怕丟臉的心態」去除頭腦中的「蜘蛛網」。這樣做，心地就變得通透，思想自然敏銳，行動自然靈活，加上全力以赴的奮鬥，很快就可以贏得一切。

你恐懼敲開陌生人的門、你恐懼和陌生人說話、恐懼打陌生電話、恐懼和地位比你高的人見面、恐懼和他們簡報、交談嗎？趕緊設法邁過這些關卡吧！卡耐基曾說：「戰勝恐懼最好的方法，就是勇敢地去做讓你恐懼的事，立刻、馬上行動！」

成功的銷售人員都是及早擺脫「銷售恐懼症」的高手！

利用三步驟克服銷售恐懼感

雖然做業務未必是多數人的職涯選項，但身處網路世界，不管是個人、部落客、臉書分享、LINE 群組，每個人都有許多機會直接對外傳遞你的產品或服務的價值與理念。現在，所有的職場工作者，有比以往有更多的機會面對消費者和顧客，儘管你未必被稱為「業務人員」，但若要銷售更多，一定得要克服銷售恐懼症。

如果你非業務員，你可以簡單利用三步驟，輕鬆克服銷售恐懼感：

一、讓自己和產品、和銷售，談一場轟轟烈烈的戀愛。喜愛自己的工作並認同自我的價值，就會成為向前的最大驅動力。銷售過程是一門藝術，從挖掘客戶需求、提供全面的商品和服務到解決現有問題，這一切都需要投資大量的努力。當對方給予肯定，努力有了回報，便能享受辛勞後的成就感。

二、全面了解客戶的問題。了解客戶的「痛點」，了解市面上現有的產品與服務，還有哪些無法滿足客戶的需求，了解愈多，挖掘得更深更多，就能鬆為客戶提供創新的解決方案。

三、了解我能提供什麼有用的價值。成功銷售的關鍵是提供價值，想一想我可以幫助客戶增加營業額、降低成本、提升效率、變得更帥更美、生活更美好等等，將這些成果紀錄下來，一方面思考自己創造了什麼價值、自我肯定，另一方面也是一種降低恐懼的方法。

同時，你要自我診斷有沒有以下加重你銷售恐懼症的原因，並針對問題加以改善，才能真正免疫：

一、想像太多，杞人憂天。自認產品的品質比競爭對手的產品品質差、價格太貴、競爭對手太多，預想會遭到反抗。

二、自覺形像低落。認為客戶的社會地位、經濟能力、學歷、人格、見識、經驗比較高。

三、自覺自己準備不足。自己沒有對產品專業知識下足功夫、對競爭者認識不周全、實力不夠、計畫與準備不周全、言談有欠靈活等。

四、消極性格、缺乏活動力。悲觀個性、懶散、缺乏自信心、自慚形穢、常感覺壓力大、收入不固定、煩惱多等。

「理智」無法克服畏懼，「行動」才能改變

一有機會就問問自己：世界這麼美好，大家都對我不錯，我到底在恐懼什麼？

照理說，你應該沒有什麼好恐懼的，如果真有恐懼的話，應該是「改變」這件事——改變自己穩定卻平庸的現狀，去一個陌生的行業或陌生的城市，在陌生的領域重新開始學習。

要追求更好、更卓越，你應該有勇於改變現況，迎向美好未來的勇氣吧！

總之，從今天開始，每次展開銷售行動前，別再讓內心軟弱的雜音控制了你，你要完全做自己的主人，從內心找出一個相信自己「一定會成功」的聲音，徹底驅除頭腦中的「蜘蛛網」，這樣，你就能向恐懼說再見，從自我築成的藩籬中釋放出來，大步邁上輝煌成功的錦繡大道！

請你跟我這樣做

1. 為恐懼的對象取一個名字。讓恐懼的對象浮出水面，給它一個名字，並將它寫下來，承認你有需要克服的問題。並養成寫日記的習慣，這樣可以追蹤、紀錄你與恐懼抗爭的進展。下一次如果再遇到類似的問題，可以引以為戒。
2. 想像最糟糕的情形。比如你目前正在考慮拜訪某一個難纏的客戶，而你十分擔心自己無法拿到訂單，那麼請你想像一下，即使拿不到訂單又怎麼樣呢？你可以換個時間再次溝通！
3. 做好迎接失敗的準備。沒有什麼能夠保證我們事事順利，被拒絕是工作的一部分，最重要的是要保持一顆永不放棄的心。對抗恐懼這件事也一樣，要有一個絕不罷休的心態。

業務力 16 堅持到底

放棄嘗試、半途而廢就沒有業績

喬・吉拉德這樣說：
做業務要業績倍增，需要不服輸的精神，堅持到底不放棄！

Top Sales 有兩個忠實的助手，一個是他的毅力，另一個就是他的雙手。

現在是紅海競爭的時代，我們不可能一下子就拿下訂單，拿下訂單的過程是一個拉鋸戰的過程。在這個過程，「毅力」將成為你的終極武器。

銷售成績一半是用腳跑出來的，一半是憑著毅力得來的。要不斷去拜訪客戶、協調客戶，銷售工作絕不是一帆風順，會遇到很多問題和困難，但要有解決的耐心、百折不撓的精神、堅強的意志力和絕佳的心理素質，才能夠面對挫折。

房市景氣不佳，房仲業經營困難的時節，如果能突破業績目標，更顯難能可貴。新北市板橋區知名房仲公司的詹經理，三十歲，自認口才不好，但是靠著過人的毅力，在房市最冷的時候創下二億餘元的銷售額，成為該公司前三季的冠軍業務員。

小詹（詹經理是我銷售談判班的學生，我叫他小詹）從小接觸搏擊，也一直希望能在運動領域中有所發展。他身材適中、熱愛運動，但生性害羞、給人感覺靦腆、不善於面對人群，不過他十分誠懇老實，很難想像他已從事房仲公司銷售業務五年多了。

靠毅力特質，勇奪訂單

入行的第一年是小詹最低潮的時候。由於高中畢業就入伍服役，所以他一直想圓大學夢，於是邊工作邊就讀淡江大學；一度因為無法做好時間的分配與平衡，而懷疑自己是否該放棄其中一項。但當他回憶起以前接受搏擊訓練時，總能懷抱著不斷超越自己的決心，穿越那些辛苦的操練，於是他開始問自己：「為何工作上不能也有那種破釜沉舟的決心與勇氣？自己才是最大的敵人哪！」

一路看著小詹成長的林經理回憶，他曾在小詹晚上十點多下課時，陪同他去拜訪一位在觀光局上班的客戶，連續三個晚上都待到凌晨一點，最後客戶被他十足的誠意與毅力所感動，而買了一間透天別墅。

小詹把他搏擊時那種認真受訓、勇於接受挑戰並超越自己的鬥志和毅力，都轉換在工作上，才會有今天優異的表現。

小詹的成績來自他「把工作當搏擊、把搏擊當興趣」，工作上的成就感，是他骨子裡那種喜歡挑戰的熱血性格使然。五年來，他總共賣出了一百四十間房子，服務了六百多位客戶，更交了一千位好朋友。接下來，他要挑戰在自己四十歲之前累積銷售五百間房子的個人紀錄。

小詹至今仍保持每天搏擊運動習慣，他說：「雖然每天運動看起來似乎很單調，但其實每天都會遇到不同的人，看見不同的景色，也會有不同的感覺。我就是把這種心境應用在我的工作上，這樣才能持之以恆。遇到挫折，也就不會一蹶不振，跌倒再爬起來，再接再厲。」看似簡單的哲理，小詹用他一枝草一點露的精神與態度，實踐在銷售工作上。

放棄嘗試、半途而廢就沒有業績

只要你有毅力、有不服輸的精神，大樓電梯口的「謝絕推銷」牌子阻擋不了你，客戶的拒絕阻擋不了你，董事長的秘書阻擋不了你，攝氏四十度的馬路或颱風天阻擋不了你。只有一個人能阻擋你，那就是你自己！

毅力是成功的企圖心與創意的結合，你的持續力必須像永遠不停下來的海浪般向前進，滔滔不絕！平常只能跑個十公里的人，靠著毅力，也能在路跑賽中跑完全程馬拉松四十二・一九五。

湯姆・霍普金斯（Tom Hopkins）是這個地球上最能賣房子的人，在霍普金斯看來，他的生命不是取決於失敗的次數，他相信，成功的次數，永遠與失敗後繼續努力的次數成正比。

日本知名的保險業務高手原一平認為：「一個成功的推銷人員在遭遇挫折或失敗時，要能永遠不認輸，屢仆屢起，咬住不放，堅持到最後勝利為止。」他還說：「我認為，毅力和耐力才是推銷人員奪標的秘訣。」

有人說：「人生並沒有失敗，只有『放棄嘗試』而已。」還有一句話說：「譬如為山，未成簣。止，吾止也。」前輩教導我們：「只要開始動手挖井，就一定要挖到水源出現為止。」

一個人沒有毅力，將一事無成。而「說一套，做一套」永遠都不可能獲得成功，只有言行一致，朝著目標堅持不懈的去奮鬥，去追求，才會有所收穫。放棄嘗試就等於半途而廢。在人生的旅途中，不論跑得快或慢，都不因此決定你的成與敗，只有當你放棄人生的競賽，拒絕再跑了、停止再走了，那就真正被判定三振出局了。永遠記住：失敗並不可怕，半途而廢才是最可怕的失敗。

所以，凡事要做了、盡力做了才知道，還沒有看見結果之前，一定要堅定你的決心。失意、失誤、困難無所不在，唯有直接面對困境、設法突破困難，體會覺察到毅力的重要，不輕易放棄，堅持到底，你、我都會有更美好的業績！

培養恆心、毅力的三種方法

到底要怎麼培養恆心毅力？方法如下：

一、養成有恆的習慣。曾國藩在日記上提醒我們「痛戒無恆之弊」，並且反覆告誡子弟養成早起、做事有恆的習慣。你可以透過在工作、生活中實際的歷練，在不斷的失敗、挫折中，不斷反省、不斷淬厲鍛鍊自己的意志，做計畫、跑顧客當然就比較能夠持之以恆、貫徹到底了！

二、凡事確認要做就身體力行。所謂「天行健，君子以自強不息」，我們必須效法「四時之運行，週行不殆」的天道，只要確立具體、可行的目標，就做好計畫，少說，馬上起而力行，連續勤行二十一天，持之以恆的習慣就已經養成。

三、願意進行自我監督。如果不能制定紀律，一切目標和計畫都是鏡花水月。因此，逼自己監督進度是必要的，每天檢查自己的完成情況。如果覺得自我監督有難度，可以找人互相監督，每天寫自我鑑定表，大家互相檢視。在有人監督的情況下，就不得不逼自己去做囉！

結論：最寶貴的金子就埋在沙子的下面。

沙子最不值錢，最寶貴的金子就埋在它的下面。作為一位淘金者，誰不想挖掘出地下的金礦？但是面對漫漫黃沙，人們的心態完全不同，有的人找到方法，不惜一切「千挖萬濾」終於挖出金子，有的人挖了幾下就停手選擇觀望、等待和放棄。

其實，我們都是業務工作中的淘金者，我們都有自己的目標，也希望挖到成功的金子。正如金子只屬於那些不畏艱辛的淘金者一樣，成功也只屬於那些不畏艱難、堅持和勇於拼搏的人。成功的淘金者可貴之處在於他們的執著和毅力，當然也需要有豐富的專業知識。

業務達人的可貴就在於他們為一個明確的目標前進，遇到難題絕不隨意退縮，跌到了就爬起來、失敗了再戰下去，不達目的絕不甘休！

請你跟我這樣做

1. 不要輕易放棄顧客，每一次拜訪顧客，都應試圖成交。只有不斷試著成交，堅持到底，成交量才能倍增。
2. 不能在顧客身邊的日子，就用簡訊、電話、書信或其他方式，繼續和顧客保持聯繫，因為頻繁的接觸，能建立你的自信心。
3. 人人都可以成為銷售高手，但成功只屬於有毅力的人。不要做言語上的巨人、行動上的小矮人，毅力決定一切！

你的時間價值由你決定

喬・吉拉德這樣說：

想從吃到飽餐廳獲得最高價值，祕訣在少吃幾樣。想過有效率的日子，祕訣也是少做幾件事。也就是說，對於要做什麼必須有策略；對於不該做什麼，也得痛下決心取捨。

人生的關鍵不在於能「活多久」，而在於能「活多好」。你在工作中投入了多少時間並不重要，重要的是你在這段時間內做了多少有效益的事。你永遠不知道自己還有多少時間，所以，先充分地利用你所擁有的今天。

你知道你生命中有多少稍縱即逝的「賺進銀兩的好時光」嗎？從事業務的朋友，你知道一分鐘的要求可以拿下百萬、千萬的訂單嗎？你整天忙忙碌碌，到底有沒有創造出極大的價值呢？最後，你知道你的收入來自什麼地方嗎？

讓我告訴你吧！你的收入百分之百來自於你和客戶面對面接觸的每一分鐘。換句話說，時間就是金錢！如果你不滿意現在的收入，你應該意識到一個嚴重的事實——你不知道你都閒置了多少時間。

根據實戰經驗觀察，僅有40％不到的業務人員的工作時間是用於增值業務的洽談上。也許你不認為如此，但是，這是千真萬確的事實。

時間是業務人員最寶貴的資產，你的成就、收入和幸福，都是用時間換來的戰利品。因此，務必設法提高和顧客間商談、推銷和服務的時間，少做一些不能產生效益的事情。

你的時間值多少錢，由你自己決定

作為一名業務人員，你的時間值多少錢是由你自己決定的，沒有任何公司、任何團體、任何貿易協會、任何人可以決定你每小時的價位。那麼你是否把最珍貴的時間統統用在開發客戶、拜訪客戶、說服客戶和服務客戶上？

美國S & MM（Sales and Marketing Magazine）雜誌做過一個調查，試圖去描述業務人員如何有效的使用有限的時間資源。據該調查所揭示的結果，令人大吃一驚，簡單說明如下：

一、用於面對客戶進行推銷的時間，僅占工作時間的10％。

二、待在辦公室處理行政業務、填寫報表的時間占31％。

三、交通及出差、交通阻塞、找停車位或市外交通所耗的時間占18％。

四、非業務關係的電話及瀏覽網頁和回E-mail的時間占17％。

五、為客戶解決問題及客戶服務時間占14％。

六、尋找客戶、打電話約訪的時間占10％。

從上面調查結果來看，業務員真正用於推銷的時間只有34％（即銷售10％、客服14％及尋找客戶10％），占全部時間的三分之一。因此，你若能增加真正用於推銷的時間，業績必然會增加；相反地，用於推銷的時間減少，業績必然下降！

首要之務是學會節約時間

業務人員時間浪費最多的地方在那裡？一份研究調查結果發現，業務人員浪費時間前四大分別是：企圖做太多的事情、被其他干擾因素影響而分心、危機處理——終日忙著滅火、行政工作

（書面作業、忙碌的工作）。行政工作則通常占了浪費因素中的78％。為了有效提升工作效率，一定要設法避免以上四大浪費時間的因素，才能獲得更多的時間，用在開發客戶、拜訪客戶、說服客戶和服務客戶上。

如果你希望能業績和利潤倍增，首要一定要先學會「節約時間」，然後再將大部份的時間有效投資在開發、接觸、服務和學習的活動上。

英國威廉的「剃刀理論」教導人們剔除不必要的事務，以及一些枝微末節，幫助大家節約寶貴的時間，並加快完成工作的速度。實踐「剃刀理論」的方法如下：

一、捨棄不重要的目標。在有限的時間中，不太可能同時完成這麼多目標，這時只好忍痛犧牲一些較不重要的目標，或是延後執行的時間。有捨才有得，捨棄小目標，才能成就大目標，捨棄沒效益的客戶，才有時間和黃金顧客做大生意。

二、排除低效率的事。制伏電視、電腦、電話三大時間殺手。少看沒意義、沒效益、沒知識的電視節目；慎選上網搜尋目標、慎用即時通訊軟體、少看臉書、慎選網路聊天室與社群；慎選打電話的時間、用E-mail回覆或語音留言。不值得做的，千萬別做！

三、不做無法加分的事。盡可能丟掉不會有結果的任務，對於過去失敗或未做的事情不要有內疚感。也不要做濫好人，別人一開口就答應幫忙，要懂得說「不」。別接手燙手山芋！把時間用在刀口上，就會錦上添花；把時間用在刀柄上，等於白費精力。

明智利用時間的八個方法

妥善的支配時間、駕馭時間，就是效率倍增、提高業績的不二法門！對一個業務人員來說，最重要的工作就是與「時間」競爭。我必須提醒你：「時間對你沒有任何幫助，除非你能利用它做些什麼！」你可以持續專注於高優先順序的事務，明智的利用時間，創造更高的效益：

一、80%的事情只需要20%的努力。善用80：20法則將最大、最具效益的顧客，安排在訪問行程的最前面，然後根據價值大小分配時間。

二、我們所要管理的，並不是鐘錶上的指針，而是事情的輕重緩急！我們需要確認銷售活動中高效益的工作專案，設定優先目標，然後予以合理安排。

三、根據管銷成本與顧客的購買力，進行「選擇性推銷」。

四、認清與克服拖延的壞習慣，是另一個創造時間的好主意。用「想到就立刻去做」來激勵自己。只要這樣堅持幾次之後，一定會有收穫。

五、要具有靈活性。一般來說，只將時間的50％計畫好，其餘的50％為「靈活時間」，用來應對各種打擾和無法預期的事情。

六、養成紀錄的習慣。可以使用Google日曆與Remember the Milk（RTM）等數位工具，隨手紀錄每日行程與待辦事項。

七、注重事後檢討習慣。檢視RTM裡還有多少事情沒完成，檢討為什麼無法照原訂行程完成，並檢討是否一開始的規畫就沒有符合自己的習慣。檢討可以幫助自己調整後續的時間規畫。

八、有效地利用等待的時間。隨身攜帶可以閱讀的書報刊物，運用手機聯絡事情，利用等待的空檔時間看電子書，或是做思考規畫的事項。

時間管理是自我滿足感的訓練，認可自己有花時間去做正確的事，事前規畫固然是絕對必要的基礎，更重要的是能不能透過管理，讓你覺得工作得很紮實、很有價值，這樣才能讓時間管理的好習慣延續下去。

做好時間管理，抓住最佳進攻機會

希臘古諺說：「時間為萬物之母，而真相是時間的女兒。」這位叫做「時間」的母親，總有一天會產下一位名為「真相」的女兒——意思是說，即使沒有人知道你流下了大量的汗水，沒人知道你竭盡誠意、無怨無悔地幫助別人，或許在某時你受到冷嘲熱諷、欺瞞污衊，但只要有足夠長的時間蘊釀，一切終將水落石出，得到好結局。做業務，也一樣。

總而言之，要成為最頂尖的業務人員，一定要百分之百擅長「駕馭時間」，同時精確地掌握顧客的心理瞬間，捉住成交的機會，打鐵趁熱，見縫插針，馬上開口成交，效率百倍的完成交易。

你若想要提高銷售的效率，成為「當紅炸子雞」，讓你的時間發揮最大效益，是最簡單、最基本的方法。再叮嚀你一次，對於時間管理，絕對、絕對、絕對不可掉以輕心！永遠記住，對一個業務人員來說，他的工作就是與時間競爭，將時間花在正確的事務上，就是成功的最大保證！

請你跟我這樣做

1. 做好時間管理第一步驟是堵住時間漏洞。
2. 做好時間管理第二步驟是區分輕重緩急。
3. 做好時間管理第三步驟是制定周密的計畫。

業務力 18 樂觀

正面思考可以讓你度過業績低潮

喬・吉拉德這樣說：

做業務，本身就是一種信心的傳遞和信念的轉移，表現出「樂觀」的態度，除了讓顧客購買產品、享受產品帶來的利益之外，同時，也使他們獲得一種快樂的消費體驗，使客戶更容易與你交往和敞開心扉。

麥特・史塔茲曼（Matt Stutzman）是有一位天生沒有雙臂的弓箭神射手，入選美國國家代表隊，代表美國出戰二〇一二年倫敦夏季奧運，成為國際矚目的人物。

根據資料顯示，麥特・史塔茲曼出生後就被生父母棄養，十三個月大時被史塔茲曼夫婦領養。養父母在他十六歲時給了他生平第一組弓箭，先天肢體殘障的麥特・史塔茲曼，從此開啟他勤練弓箭的生涯。經過不斷的苦練，和樂觀、積極、進取、永不退縮的性格，他憑藉雙腳成為頂尖的弓箭神射手，入選美國家代表隊。

有人請教他的人生哲學，麥特・史塔茲曼說：「雖然我沒有雙臂，我還有雙腳，我注定是生命的鬥士，我對未來的人生會全力以赴，大家能做的事，我也都能做。我不期望別人施捨，我只要當我自己。」

很久沒有受到如此的精神鼓舞！如果每天只能挑一個人來激勵自己，今天絕對是麥特・史塔茲曼的案例最值得！

正面思考——換個想法，業績更亮麗

由於二〇一五年底施行兩稅合一制度，90％的房地產仲介商冷清清，客戶流失五至八成以上，業績節節下跌，部分房仲中心更出現三十天業績「掛零」的慘況。許多業務朋友都怨聲載道：「公司訂這麼高的指標，怎麼可能做到呢？煩死人了，這個月的業績看來完成不了！」還有人哀怨：「價格這麼高，根本就推銷不出去嘛！目標達不到就拿不到獎金，靠這一點底薪，這個月要怎麼過啊？」

雖然我們正面臨著日子不好過、業績突然大幅縮水的狀況，心情都非常惡劣，但只要我們看看麥特・史塔茲曼，跟他比起來，我們暫時遭遇的困難或逆境，又算得了什麼！

樂觀是你最大的靠山

我曾看過一篇文章，內容是說一位年輕人向一位企業家求教生意經，企業家當場跟年輕人說：「我從未見過一個成功的生意人是悲觀的。做生意必有風險，悲觀的人只看到風險，卻看不到機會。」最後，企業家給了他一個忠告：「永遠保持樂觀，尤其是在生意上面對重重困難的時候。樂觀的態度是你最大的本錢。」

樂觀能得到更多認同。心理學專家進行美國總統大選分析得出以下結論——樂觀的候選人經常在大選中獲勝，而悲觀的候選人落選的機率則高達90％。

以此觀之，在日常生活中，樂觀的人更容易用自己積極的情緒感染他人，他們的言語和行為更容易得到認同，因此，成功的機率也相應增加。做銷售，何嘗不是如此？

沒錯！樂觀的態度是你最大的本錢。樂觀的態度，對業務朋友來說，就是即使業績很不理想，依然保持良好的心態和工作的熱情。相信逆境總會過去、相信成功總會到來、相信失敗就是成功之母；在經歷無數次失敗之後，仍能客觀冷靜分析失敗的原因，從而提升自己的能力；仍相信再堅持一下，訂單就會屬於自己的。

即使現實條件不能讓我們大展身手，也許因為先天條件不如人，但只要不悲觀、不絕望、不沮喪、不憂鬱、不後悔、不自責、不怨天尤人，凡事樂觀看待，進取向上，努力不放棄，還是能夠出頭天。觀的性格可以讓我們在逆境中看到希望，從而振奮精神找到正確的方法和途徑，才有充分發揮潛能的機會，最後能贏得桂冠。

樂觀，可以靠後天培養

以下方法，可以讓你培養出更「樂觀」的態度。

一、向「凡事萬一」的悲觀想法說再見。一個人凡事抱持悲觀的態度，一碰到事情就憂心忡忡，設想很多個「萬一」來阻止自己去執行工作——萬一顧客不理我、萬一產品別人不喜歡、萬一顧問嫌價格太貴、萬一生意做不成……。這些「萬一」充斥在你的腦際，就容不下思考解決問題的空間，這種凡事悲觀的人有機會成功嗎？

你必須完全鏟除悲觀的想法，讓自己成為樂觀而積極的人，這是你第一件要做的功課。

凡事以樂觀的思維去思考的話，就很容易找到解決問題的方法，只要你能持續設法排除不斷遭遇到的困難，你就會養成解決問題的能力。有了這個能力，你就會有信心，樂觀的心態也自然就會養成。因為有能力必然有信心，有信心自然就會樂觀了。

所以，你必須放棄內心裡的悲觀，用正面、樂觀的態度跳出失意的陰影，從而讓自己變成一個積極樂觀的人，來迎接美好的每一天。

二、利用科學和理智看待問題。任何事物都有正反兩面，看到困難問題的同時，也要看到機會，事物的發展規律就是波浪式前進、螺旋式上升。

超級業務的成長之路，是在面對激烈競爭、解決市場問題之中，一點一點累積經驗而來的；是在一次一次被客戶否定之後，不斷摸索、找到新方法而成長起來的。正所謂「不經歷風雨，怎能見彩虹，梅花香自苦寒來。」

三、多和樂觀者交往與學習。俗話說「物以類聚」，你是什麼人，觀察你交往的朋友就能掌握十之八九。悲觀的人，周遭90％的人都是悲觀者，樂觀的人，身邊90％的人多為樂觀者。因此，要想改變命運，你必須跳脫現況，和樂觀者多交往、多學習。要想成功，請和成功者為伍。

樂觀是自信的源泉、是堅持的依據、是奮鬥的希望，是每一個人成長的精神動力。

啟動全力以赴的動能

即使是在消極的日子裡，我還是會去做一些積極的事，例如寫一篇激勵人性的文章，或是去作一場公益性的演講。今天，我將試著找出一件事，讓我覺得生活或世界仍舊非常美好。

天然災禍或是人為不幸，在任何時代都會碰到，都和上帝無關。我們只有透過樂觀的思維、理智和堅持，努力和不好的現實勢力鬥爭，你的世界才能逐漸變得更美好。我相信，當你培養出樂觀的習慣，擁有「樂觀以對」的活力，你就能從挫折中「發現希望」，啟動全力以赴和追求美好的動能，永不枯竭。

因為我們相信明天地球會繼續轉動，太陽會繼續升起，所以今夜必然得到一夜好眠。樂觀的習慣，讓我們忘掉今天的不如意，創造出更有活力的明天，讓我們當下就是一種盡興的慶祝，只有全力以赴與相信未來，沒有恐懼。

於是擁有樂觀習慣的人，能輕易地開啟全速的動能，每天都能創造令人驚豔的好成績，讓生命充滿詩情畫意，贏得生命的禮讚，並維持在巔峰狀態。

請你跟我這樣做

1. 不要太介意你所遇到的不如意的事情，也不要太介意被無端拒絕。要善於檢討其中的教訓，掌握有效溝通的技巧和解決問題的方法，不能以無所謂的態度，從失敗再走向失敗。
2. 表現樂觀時，要把握一個度，過於樂觀會使人對自己期望過高，從而倍受挫折。
3. 一個人的成就取決於動機、能力和樂觀，如果空有樂觀卻沒有能力，那也沒辦法使你成功。就好像你和拳王一較高下，即使你再樂觀，一樣會被對方慘打一頓。所以，就算你很樂觀，如果沒有做好事前準備，一樣會被客戶趕出來；就算你很樂觀，想要賺大錢卻什麼也不做，等著財神爺把錢送上門，你也只會坐吃山空。

推銷不能只用嘴巴，一定要加上熱情

喬・吉拉德這樣說：

沒有什麼比熱情更重要了。無論你要跟顧客說什麼、做什麼，帶著熱情去做就對了。

有人請教石油大亨蓋帝（J. Paul Getty），一個人要達到成功巔峰需具備哪些要素，他把「熱情」排在想像力、精通商務和野心之上。熱情，特別是奔放的熱情，是成功者和超級業務的標記，在銷售世界中也不例外。

日前我在台北市青年創業協會演講，演講結束後，有一位許姓年輕小姐來諮詢：「我是做美容保養品的銷售，為什麼我的產品品質與效果都很好、我的專業知識也掌握得很全面，基本人脈也不少，跟我詢問的人也很多，可就是沒有訂單，為什麼呢？」經過深入了解，問題的根源就浮出水面了。原來她在和人溝通時，只會看圖解說、照本宣科，憑理性溝通而沒有運用人性銷售技巧，不知道如何帶著熱情和顧客溝通。

我跟許姓小姐說：「成功的業務高手，都是帶著『熱情』來銷售的。」

嘴巴推銷不夠，要加上熱情來銷售！

以下是我給業務朋友們，如何帶著熱情和顧客溝通的方法，成功出單就指日可待了。

一、主動招呼上門的客戶，熱情接待他們。對待顧客要熱情和尊重他們，切忌冷淡；嘴巴要甜，多用讚美和感謝的詞彙；避免用命令式、反問式；少說否定句。拒絕的時候，一定要客氣地說抱歉；不要妄下斷言，讓顧客自己做決定；用自己承擔責任的方式說話。

二、熱情說出第一句話，就是成功的一半。熱情接待的第一句話：「你好，請問有什麼可以幫到您的呢？」

三、不要讓顧客有被晾在一邊的感覺。生意忙碌時，無法在二分鐘內接待顧客，不要讓顧客傻呼呼晾在一邊，這時你需要告訴顧客：「寶貝，真的很抱歉，因為諮詢的美女比較多，接待稍微慢了點，謝謝您的諒解。」

四、不能及時接待時，要說對不起的話。如果當前諮詢量比較大，不能及時接待，你要及時告訴顧客：「寶貝，十分抱歉，由於我這邊諮詢人數過多，影響了接待速度。」

五、如果說了兩句話之後，顧客一直沒有回應，這時你應該主動詢問客戶的需求。銷售話術例如：「寶貝，請問有什麼可以幫您的呢？」

菜鳥業務會失敗，通常不是由於欠缺專業知識或專業技能不夠，而是欠缺足夠的熱情。當你熱情充沛，說話自然鏗鏘有力，舉止充滿專業權威，你的表現就能感染客戶。當你對一種產品或服務工作，感到興奮和熱情，客戶就會注意到。他們就會像磁鐵遇到磁石一樣，不由自主地向你靠近，他們會採取行動認同你，……購買、轉介紹，並幫忙免費宣傳！

你曾上過銷售培訓的課程吧！講台上培訓老師、專家一定會諄諄告誡剛入行的業務菜鳥：「不要光用嘴巴推銷，一定要用熱情來銷售！」畢竟，奔放的熱情永遠是贏得競爭、搶先成交不可或缺的因素。

驚喜或發自內心的喜悅，都可以創造出「熱情」

沒有人天生就充滿朝氣、熱情洋溢，它是經由後天學習或鍛鍊出來的一種成功的特質，同樣，你也可以經由後天培養而得到熱情。

人們剛開始一份新工作，當然都會有相當程度的熱情，可是漸漸地，每件事都一成不變了。日復一日，年復一年，千篇一律的工作使我們喪失了對工作的熱情。許多瑣碎的事情將我們團團包圍，一段時間後，就會對工作的內容和過程不太在意了。

話說我剛開始工作的第二年，有一個月的時間沒什麼業績，心情降到谷底，相當低潮，每天像行屍走肉。在那段消極低潮的時間裡，我從不曾認真地問自己過得開不開心，可是，有一天我突然驚醒過來，發現原來自己的熱情出了大問題，於是我開始留意自己的工作內容和過程。接著神奇的事發生了，工作的結果也開始給予我美好的回報，這種回報就像滾雪球一樣，愈滾愈大。

或許你現在跟「熱情」還有很大的距離，但你也可以把它找回來。你也有過熱情工作的經驗吧？我要告訴你：曾經讓你產生熱情的經歷，可以使你再次創造出新的熱情。如果你期望更快樂，我們不妨對工作多付出一點熱情。財富和快樂，在這方面的本質是一樣的，我們要做的只是每天都熱情地活著。

激發熱情的十種方法

怎麼樣才能激發熱情，讓自己更加興奮，立刻熱情洋溢起來呢？以下十個方法，相當管用。

一、確定你要靠銷售致富嗎？你如果做業務在乎的只是薪水高低、公司規模大小或是晉升，你永遠無法發現不一樣的自己。許多人在職涯路上，缺乏熱情又很徬徨，不知道下一步，我建議你先問自己：「我要什麼？」跟著自己的聲音往前進就對了。

二、要選擇你特別有興趣的行業。首先，要選擇自己特別熱愛的行業，並且對你的推銷工作要十分在乎，十分投入。

三、要相當程度認同你的工作。做你所認同的工作，愛你所認同的工作，交出超乎承諾的成果。同時自覺自己就是老闆，打從心中認同公司和工作的價值，自然會燃起熊熊大火般的熱情。

四、與充滿熱情的人為伍。讓自己的四周圍繞著對工作充滿熱情的人，那麼你也會感染到他們的熱情。

五、讓自己去喜歡每一個人。喜歡上每一個顧客，歡喜做，甘願受！

六、凡事抱持積極思考的心態去行動。每次會面、交談、簡報時，在腦海裡閃現出積極的想法——我一定能促成交易，凱旋而歸！

七、以真誠之心對待任何人。真誠的關心顧客和服務他人，不可造假而表現出形式或虛情假意的熱情。因為任何顧客都看得出來，而且顧客會對這種虛偽行為產生不信任的感覺。

八、天天學習，不落人後。所有激勵人心的書籍、DVD、培訓課程都是激發自我熱情的最佳資源。每當不如意，心情鬱悶時，不妨聽一聽有關激勵人心的錄音帶、CD，幫你把熱情給找回來。

九、好好鍛鍊你的身體。天天撥出時間去運動一下，跑個五千公尺，滿臉通紅、神采奕奕、熱情就上身了。

十、專注在目前工作上，樂在其中。如果你無法樂在目前的工作上，你很難付出額外的時間；努力和專注在目前所做的事上，和成功結緣。如果你能從中找到樂趣，你會樂於付出一定的代價，你會毫不吝惜地付出一些時間和努力以獲得成功，而不會覺得是在犧牲自己。

記住，你無法隨自己高興，想熱情才變熱情，你必須隨時隨地「全心」投入到工作中，相信它超過一切事、對你的產品或使命充滿無限的熱情。

我真誠地建議你每天去實踐、去完成。我向你保證，不用二十一天，你將會發現自己漸漸地脫胎換骨，你的態度和表現會變得更熱力四射，業績會愈來愈好！

沒有熱情就死氣沉沉

沒有熱情的信念是死氣沉沉的。只有奔放的熱情，可以把一個人的雄心、信念和抱負，轉化為令人刮目相看的行為和豐功偉業。

想成為超級業務嗎？需要配合的條件很多，最重要的還是你要對自己的推銷工作、銷售產品、服務顧客以及你自己，充滿百分之百的「認同感」，並從工作中找到價值感，然後在內心建立起「積極正面」的思維模式，這樣一來，你會發現，不知不覺中你奔放的熱情無時無刻地泉湧而出。如果帶著絕對真誠的信念，堅持把工作做到最好，它的熱度可以馬上散發到所有人身上。

要成功，就趕緊拿出你的熱情來，特別是奔放的熱情！並讓熱情變成一種好習慣，如果心中有它，它就長存心頭。

熱情永遠在我們心中，它像一盞導航燈，永遠在低處照耀；要不要將它點亮，全看你自己。

結論：通過你的熱情轉化客戶。

想要成為超級業務員，就必須知道行銷的核心是信心的傳遞與情緒的轉移，通過你的熱情轉化客戶，利用你的熱情拉新（發展新客戶）、顧舊（轉動老客戶），讓陌生人變客戶，讓客戶不斷介紹新客戶過來，這才是關鍵所在。

請你跟我這樣做

1. 想辦法每天都竭盡所能做到最好，很快地，周遭的人都會感染到你的熱情——就像熱病一樣。
2. 給自己打氣，激勵和鼓勵自己。用自我談話的方式激勵自己，就像做健身操一樣，每天都要鍛鍊一下自己的心智，做一做十分鐘的精神體操，就能立刻讓內心充滿奔放的熱情。
3. 用最熱情的行動去幫助我們的客戶，我們用最真誠的態度去傾聽客戶的需求，我們用最熱情的語言去讚美我們的客戶。

換個「思想框」，向低潮說再見

喬・吉拉德這樣說：

低潮期，你可以多讀成功者的傳記，增加知識順便看看別人倒霉的時候是怎麼挺過去的；你也可以和知心朋友談天，回憶美好快樂的時光；或者鍛鍊一下身體，或者好好睡一覺。

沒有一個工作是永遠不會遇上低潮的，行銷這一行尤其明顯。如果為了情緒問題就放棄了挑戰最大、成就最高、收入最豐富的行業，不是太可惜了嗎？

景氣差時業務不好做，再怎麼努力拼命，依然頻頻失利，當你面對這樣的工作低潮，你是抱持自怨自艾的態度還是主動出擊的態度？

低潮或高潮總是一體兩面，但都要以平常心看待。因為有了低潮的刺激，我們發憤圖強，才有高潮的積極有為。兩者我們都必須喜歡、接受並好好利用，直到拿下大訂單的那一刻。

接受當下，相信事情的發生是有意義的

做業務，誰沒有低潮？剛工作進入第二年，我就第一次陷入工作低潮，當時很心慌，我覺得人脈快用完了，客戶量不夠、工作沒前景、做的事情沒效果，主管又把我當空氣，加上內部嚴重惡鬥等等，讓我感到做業務這一行非常沒搞頭，產生了工作低潮，想做個逃兵。在那段日子裡，我每天早上起床時，茫然看著鬧鐘，覺得自己是行屍走肉，有股衝動想拋下工作。

我當然知道業務不會永遠順遂，偶爾會有低潮，在這個時候，我是這樣做的：

我馬上向前輩們請教，前輩們給我的建議是：接受當下的情況，要相信每件事情的發生都有一定的意義。我毫不猶豫地聽進他們的話，我相信只要心改變，情況也就會改變。

首先，我找一個安靜的地方，仔細尋找事情發生的原因，並問自己：最壞的情況是什麼？其次，當我了解最壞的情況，我欣然接受最壞的情況，然後找方法改善最壞的狀況。

最後是尋找自己能做的事情，一是改變自己，例如轉憂為喜，拋棄憂傷的心情，每天大笑九

回，然後再學習一些新東西，如慢跑、打撞球……等休閒運動。這樣做，才過一個月，果然心情變得很開朗，態度變得很陽光、積極和有行動力了。

記住，碰到低潮，只要沒滅頂，就還有一絲毫的機會，千萬不要自暴自棄！一個人絕不要因一時陷入低潮，就自毀壯志和錦繡前程。

高潮時享受掌聲，低潮時享受人生

一位智者說，高潮時享受掌聲，低潮時享受人生。沒有人能拒絕低潮，處理低潮往往是迎接高潮的必要能力。不論是享受學習還是享受人生，至少不會變得人見人罵，遭人冷落。

某一次聚會時，我遇到一位科技業的行銷副總經理，我問他近況如何，他難掩悲傷之情，告訴我他被主管冰起來，正處於低潮中。他是國內某知名面板廠的行銷一把手，因為一筆大訂單被韓國搶走，總經理把他調到服務部，讓他突然變成了公司的邊緣人。

我問他，想要換公司嗎？他說沒有，他在這個公司已經做了快十年了，過去對公司有很大的貢獻，也有感情，他相信未來公司一定可以看到他的價值，也一定會有東山再起的機會。

他的樂觀讓我訝異。但又該如何排遣這時候的低潮呢？他說：「我好久沒有這麼輕鬆了，我正好利用這時候去歐洲玩一趟，享受一下我的人生，放慢腳步，也替公司、替自己想一想未來。」我已經許久沒有聽到這麼豁達的話語了，我為他的成熟智慧佩服萬分。

遇到低潮時，自救有方法

假如不幸跌入低潮，你可以用以下方法把自己從低潮的情緒中拉出來：

一、不要說「如果」兩個字。盡量避免負面的自問自答，當你說出「如果」兩個字時，就像在象徵壓力的火源上面丟了更多的木材，讓你不敢採取更多的行動，錯失了反應的第一時間。

二、從另一個角度來看事情。找出真正讓你產生低潮而且應該調整的狀況，就不會被自己內心裡排山倒海的壓力打垮。

三、關關難過關關過。香港金像獎影帝黃秋生說：人生其實是一坨屎，而你的目的就是在上面種出一朵花。這比喻雖然有點不文雅但是挺貼切，能夠給人一種堅強意志力的感受。現在讓你難過、痛苦的事情，有一天你一定會笑著說出來的。

四、利用肢體動作拉回你的注意力。保持冷靜最簡單的方法是深呼吸，將注意力專心地放在呼吸的循環上，一開始當然很難不被其他事情分心，不過一旦把注意力拉回，持續個幾分鐘，也會讓自己的注意力回到手邊待解決的任務。

改善現狀，從沉淪再起的方法

假如你還在低潮中，並且不想向下再沉淪，有心再上層樓，我建議你，趕快學習低潮時改善現狀的五個方法。

一、先進行心理建設。謹記「再苦的日子早晚會成為過眼雲煙」。業務高手之所以優秀，關鍵在於身陷低潮時比較不會自怨自艾，反而是給自己打「強心劑」，每天不斷對自己重複「壞日子很快就結束了」這句話。同時，當難題出現時，仍努力保持積極的想法來度過難關。

二、知道排解壓力的方法，並學會放鬆自己。「拾回生命的主控權」是業務高手的座右銘。業務高手之所以會比你成功，因為他們在遇到低潮時，會有效地擺脫低潮，再造活力。

以下是我排解壓力的方法：

1.找出令我沮喪的原因。

2.如果改變不了周遭的事物，那就改變自己的態度。

3.隨時準備去冒險，做些平時不願、不敢去做的事，如去高空彈跳。

4.徹底放鬆一下，去給人按摩、去泡湯，度幾天假，去靜坐、冥想，或登山、游泳。總之，去做些自己愛做的事。

5.哭是一種發洩，可以大哭一場，去睡覺也不錯，或者和朋友去吃喝一頓。我自己還會用寫作來排解壓力。

三、換一個「思想框」，心情就變好了。人的思想就好像一個又一個的框，當我們從一個思想框換到另外一個思想框，思想就改變了。例如，從「他不關心我」這個框，換到「他還沒有用我要的方式對待我」或「他不知道我想要他用什麼方式對待我」，想法就會有所轉換。

四、提升自信心，喚醒再接再厲的念頭。信心為成功之本。激勵大師金克拉也說：「對自己的能力有信心，使我們能有效的脫離低潮，改善現狀。」要多愛自己一點、樂觀一點、多讀一點勵志性的書籍……，並擺脫各種推託與藉口，裝扮好自己的外表，回想過去成功的經驗等等，都能拉高你的自信心。持續這樣做，有助於你冷靜沉著的應付低潮。

五、不要再想了，立即採取行動，改變你能控制的事物。因為來到谷底，代表不可能更差了！也就是快要翻身了！相信自己，做點事情，我們就會擁有力量；總是等待，不做事情的人，就不會擁有力量！沒有行動，一切枉然。在採取正確行動前，先全盤考慮所處的情境，多搜集資訊，深入瞭解，並估算成功的機會，然後，謀定而後動。如果認為可行，就放手一試！認為不可行，就找別的生路！

結論：看開後，不行動還是於事無補。

就算眼前不景氣、遍地荊棘寸步難行，然而，我們能夠用正確的心態面對它，就會瞭解它的來由。不景氣只不過是顆絆倒我們的小石頭而已，跌倒之後，依然能夠站起來，拍落塵埃，勇往直前。

總之，工作出現低潮，何必自尋煩惱，凡事總要看得開些日子才好過。因為業務人生就是由無數煩惱穿成的念珠，達觀的人是一面微笑，一面去細數它。

不過，看開後，如果不行動仍於事無補。坐下來，動動腦袋，虛心檢討自己的優缺點，從中找出原因，最好把目標擺在下一次的行動上。也許這段時期，正是對自己的核心能力及拜訪活動，做全盤檢討的最佳時機，下一次重新出發時能更有活力、更有技巧、更有要領地進行談判活動！能做到這樣，再持續努力，就能全盤控制周遭業務世界，開創出偉大的業績！

請你跟我這樣做

1. 專注工作三十分鐘（或是一段你能忍受的時間）後，暫時抽離工作，到辦公室外走十分鐘，或去茶水間泡一杯咖啡。
2. 在無聊工作中，尋找有那些小小的樂趣。
3. 帶自己出去走走，看看大千世界的山水雲風。

Part 3

賺錢高手的
10個基本功

業務高手脫穎而出的九個條件

喬・吉拉德這樣說：
通往成功的電梯總是經常故障，想要成功，只能一步一步往上攀爬。

隨著全球化和市場經濟的持續發展，越來越需求優秀的銷售人才加入；針對大學生就業形勢的不斷惡化，畢業生中有一大部分加入了銷售人員的行列。但身處競爭激烈、頗具挑戰性的銷售行業，應該具備什麼素質才能擺脫平庸？才能從同行中脫穎而出呢？

成為 Top Sales 的九種特質

多年的實戰經驗以及學習和詢問，讓我知道如何做一個績效長紅的 Top Sales。為了讓更多加入銷售行業的朋友能快速成長，我要公開成為超級業務員應具備的九種特質。

一、凡事注重細節的能力。關注每一個細節，客戶對你的信任來自於你每一個細小成功的積累。「注重細節」是能否建立公私關係，以及能否贏得客戶信賴的關鍵。

以前我在大藥廠做業務的時候，曾經多次參與重大的藥品招標，有一次，主辦單位安排所有的招標公司住在同一家飯店。我check in之後，很快就和飯店的櫃枱、商務中心以及餐廳人員建立起關係。

首先，我透過關係向櫃枱了解競爭對手外出以及會見客人的情況，藉此多了解對手和客戶接觸的情況。我總是能從商務中心那裡聽到和看到一點什麼。我在餐廳請客戶吃飯總是排在最後方的位置，別的公司請客結束之後，我去了解一下他們點了哪些菜以及客戶飲食的習慣，下次請客戶吃飯時，就會點一兩道對手沒有點過的菜，並針對客戶的個性、習慣，隨機應變。所以說，「細節」是魔鬼。

二、速度決定輸贏。凡事一定要走在別人最前面。據瞭解，一家知名的國際公司要來台灣談生意，有家代工廠的協理帶著公司一群人，浩浩蕩蕩前往桃園機場入境大廳去接機，到了機場，發現廣達的董事長林百里早已帶著一群人在入境大廳等候接機了。當時協理心想這張大訂單肯定被廣達拿走了，沒多久，卻看到鴻海集團郭台銘，陪著這位國際公司的人走出來。原來郭台銘早就打聽到客戶在哪裡轉機，立刻搭機前往客戶轉機的地方，和客戶一起坐飛機飛回台灣。由這個小故事可以得知一件事，想要成功，行動永遠要比別人快一步。懂得掌握先機，才能創造機會。

三、開放、勤奮和堅韌不拔。據調查，Top Sales 的特徵分別是開放、勤奮、細緻、洞察力強、反應迅速、有悟性、將心比心、掌握語言的藝術、高超的溝通技巧等等。開放和勤奮分別位居前兩名。因為積極和開放的心態，對於完成艱難的任務第一重要。勤奮則決定了 Top Sales 能否具備「堅韌不拔」的執行力。

四、完全相信自己能成為拔尖的。你要相信你有能力成為最頂尖的高手，並將這種信心延伸至你的產品及公司。「相信自己是最好的」、「相信自己一定做得到」，這二件事是最難的。它需要每天不斷地自我鼓舞、自我激勵及正面地自我對話。

五、突擊真正的決策者的能力。一般來說，客戶與你產品和服務相關聯的人可以分為四層：使用產品的技術人員；使用該產品的部門負責人；主管該部門的副總裁；該公司的總經理、執行、長。每一層的分工都有區別，需要Top Sales一層一層去碰、去揣摩。你就好像工兵，職責是排開所有地雷，找到安全前進的路徑。在這過程中，你需要找到可靠的訊息和極佳的判斷力。

六、積極而有效的溝通能力。Top Sales都是內在溝通與外在溝通的高手。他們具有傳送產品價值的能力，還有說故事、傳達正確消息的能力，而且溝通時不批評、不責備、不抱怨、不攻擊、不說教。

七、建立社會關係的能力。我在建立社會關係的時候，會考慮兩方面的因素，一是滿足我的工作需要，二是為自己未來職業發展預做規畫。我在安排自己的社交節目表時，出發點非常務實，因為我的時間成本高，不容許我太浪費，絕大多數的社交活動都和業務關係密切。當然，關係網的建立不要太短視，要看長遠，千萬不能急功近利。因為社交關係要用心維繫，你永遠不知道哪一個關係將來能用得上。

八、傳達你的熱情給每一個人。「目標」是熱情的源泉，是潛能的發源地，是成功的火種。只要熱情四射面對顧客，就不會有任何允許失敗的藉口，也絕不會中途放棄。只要有滿滿的自信心和熱情，一定可以快速贏得訂單、倍增業績，把所有不可能都變成可能！

九、不忘天天學習。銷售人員要更快地成長，就必須具備學習的能力。包括學習全球經濟趨勢，政府的政策走向，相關的商業法規，政府的宏觀、微觀經濟政策，從戰略方面武裝自己，更要學習經營管理學、行銷學、心理學、公關、網路行銷等學問。

內向性格者一樣可以成為 Top Sales

許多客戶喜歡和比較穩重的業務人員打交道，而不喜歡看起來精明幹練的銷售人員，這說明不同性格的銷售人員都有成功的機會。我認為內向性格的人要成為 Top Sales 需要具備一定的條件，可以通過生活經歷幫助他克服閉塞的缺點，可以從工作中得到機會，磨練實戰經驗。

喬・吉拉德則認為成為 Top Sales 的方法很簡單，只要照以下方法去做就可以成為 Top Sales——永遠相信自己辦得到、不打折的誠實、提醒自己是第一名、讓分分秒秒更有價值、活用 **250 連鎖反應定律**（註）、利用恐懼加強動力、勇敢嘗試值得冒的險。內向性格者一樣可以採用他這項方法。

結語：解讀市場趨勢和相關產品資訊的能力非常重要。

如果你的銷售和服務對象，大多是金字塔頂端的企業（key account）或富裕人士，你就必須花更多時間去蒐集更多、更精準的市場與產品資訊。因為你的行業趨勢、市場行情、商品與景氣與外在政策的連動關係密切。而且市場瞬息萬變，每天要幫客戶去解讀不同的市場訊息，還要去找尋更新、更好的商品和服務，以滿足客戶的需求。

我認為，專業領域的業務人員，不只個性要積極進取、有抗壓力、不怕挫折就好，反而，解讀市場趨勢和相關產品資訊的能力更為重要。因此，蒐集資訊和研究分析能力，對於業務拓展的幫助相當大。如果你是一個頂尖的研究人員，轉到業務領域發展，而你本身的人格特質也吻合業務需求的話，將會有驚天動地的威力。

銷售成功的要訣就如同鑰匙開鎖的道理一樣，如果你不能準確對號，一定無法打開成功之門。同時，所有的成功都是可以實現的，只要你敢於攀登你所選擇的山頂，你就有機會征服。

註：250連鎖反應定律：喬・吉拉德認為，每一位顧客身後大約有二百五十名親朋好友。一旦贏得一位顧客的好感，意味著贏得了他身後二百五十個人的好感。如果你得罪了一位顧客，這表示你也得罪了他身後那二百五十名顧客。

請你跟我這樣做

1. 要善於制定詳細、周密的工作計畫，並且能在隨後的工作中，忠實和不折不扣地予以執行。
2. 要成為客戶的顧問、成為解決客戶問題的能手，成為與客戶發展關係的行家，力求敏銳地把握客戶的真實需求。
3. 溝通時要全神貫注、有耐心且細緻周到，反應迅速並善於傾聽，要十分真誠的站在顧客的立場上，根據客戶的需求來解決他的問題。

業務力 22 數位力

三步驟、十五點，建立數位行銷網

喬・吉拉德這樣說：
現在網路當道，你一定要善加利用 Facebook、LINE、Instagram、Twitter、Pintrest 等社群媒體，打開另一條邁向成功之路。

「網路行銷」已經成為每一個企業爭奪業績的武器，唯有了解網路行銷的手法，才能開發另一條路，才有機會贏得更多訂單。數位科技發展神速，加上行銷及媒體的變革，正快速推動企業從嶄新的角度，觀察企業與消費者接觸及互動的新方法。兩年前還能獲得客戶青睞的銷售方法，今天卻不見得有效，因此你必須建立和擁有自己的網站。

第一步，擁有自己的網站

首先，你要建立一個自己的網站，並且要做到以下的要求：

一、取一個好記且包含關鍵字的URL。

二、清爽、簡單易用的網站內容。

三、將你的URL放在各個可見的角落。

四、將網站盡量提交到搜尋引擎、目錄網站等。

五、利用外部資源，讓使用者從你的網站內容中有所收穫。

第二步，將你的銷售內容推廣出去

其次，你要進一步運用以下的新戰略，將網站盡量推廣出去，來爭取顧客的注意和訂單。

一、運用搜尋關鍵字的廣告。對於有廣告預算的業者，你可以登載關鍵字廣告提升網站在廣告區的排名，微型企業可以走一些偏門的關鍵字，能達到最好的效果。

二、提升SEO關鍵字排名。這個方式，跟關鍵字廣告最大的區別在於，關鍵字廣告要花錢，

SEO 關鍵字排名不用花錢。而且根據統計指出，利用 SEO 關鍵字排名的業者，排名在搜尋第一頁，被點擊的機率與關鍵字廣告幾乎相同，所以，對一般中小企業非常有幫助。當然這需要高深程式技巧以及網站架設的能力，才能使 SEO 關鍵字排名達標。

三、發展部落格行銷。把自己定位為部落格達人，最好每週撰寫三篇文章，當然知名度的養成需要一定的時間。你也可以利用程式，將部落格的人氣炒到沸騰，成為每天的部落客精選，迅速成為部落客達人。另外，你也可以付錢給知名部落客，請他們撰寫推薦文章，行銷你的產品。

四、利用影音行銷。利用好玩的、現場指導或專業教學的影片，造成瘋狂的點閱，這樣的影片最有可能上新聞版面，受到消費者的注意和引起興趣。

五、利用數位技術，認真開發一套「網路版」的銷售流程。科技讓你不必再挨家挨戶親自拜訪，坐在辦公桌前就可以對客戶進行多媒體簡報，這讓你得以同時向多位潛在顧客推銷簡報和談判，省下不少時間和金錢。你還可以利用 E-mail 進行開發顧客、篩選顧客、推銷以及聯繫顧客，E-mail 是教育顧客最省錢的工具。

你可以請對方上網看你的簡報，利用線上簡報的方法介紹產品內容並解答。這會給潛在顧客一個深刻的印象，如果你能事先針對他們可能關切的問題予以解答，效果就錦上添花了。最好多運用客戶的「見證」，說明你以往解決問題的成功案例，可以大大增加說服力。

六、跨平台行銷，以「人」來優化內容行銷。傳統大眾媒體行銷，是對所有人講同樣的訊息，但在跨媒體則講求個人化行銷。因為每個人想法不同、產品壽命週期不同，必須傳送不同的溝通訊息。掌握人的差異，讓你能優化內容行銷，贏得關注。你可以利用下列機會收集顧客資料，優化內容行銷。

1.在網站、APP安裝訪客追蹤碼。

2.在網站、APP提供社群帳號登入。

3.在實體通路蒐集會員的手機號、E-mail、Facebook、LINE。

4.在實體通路舉辦社群行銷活動。

七、利用社群平台進行大量行銷。如果你是B2C行銷，可以學習戴爾電腦利用Twitter的行銷手法——運用折價活動、新品到貨通知，將客戶服務和產品綁在一起銷售；發生問題時有專人直接回答，而且強調是「Twitter Exclusive」，讓Twitter粉絲們感覺自己是VIP。當他們「買到、賺到」之後，更是每天黏著你的Twitter帳號不放，甚至呼朋引伴，買下更多的商品。

第三步，做好顧客管理

當愈來愈多人接觸到你的網站與銷售的內容之後，你還要做好以下工作：

一、要做好顧客目標的定位和篩選機制。你不現實一點，就會常常白忙一場，因此你要考慮每一個客戶對你銷售的產品（或服務）願意付出多少忠誠度與金錢，並算一算利潤好不好。去蕪存菁，才是從正確顧客的身上賺錢的第一步。

你要懂得篩選出什麼人是你的財神爺，去尋找對所獲得的好處心存感激，並願意付錢購買這些好處的客戶！對於不會持續購買你們公司的產品（或服務）的客戶，就不必浪費過多的力氣。

二、必須比對手更瞭解你的客戶。知己知彼，才有贏面。你只瞭解自己的顧客就能高枕無憂嗎？如果不能比你的競爭對手更瞭解客戶，怎能贏得客戶的忠誠？

要更瞭解你的客戶，可以雙管齊下。你可以為客戶提供為期一年的免費服務或其他贈品，以交換客戶回答一些「客戶關係問題」；也可以利用E-mail或簡訊個別接觸客戶，擴大你接觸客戶的範圍，並在網際網路上建立據點，提供多面向的客戶服務內容。你愈瞭解你的客戶，就愈容易以「友好的糾纏」手段抓住客戶，讓客戶很難投身到競爭對手的陣營。

三、要吸引顧客上網，就要懂得「許可式行銷」。這樣，公司取得的顧客資料才會準確清楚，公司的行銷訊息才會精準無誤地傳遞給顧客；能減低行銷成本；並讓行銷人員發展更好、更適合的服務及產品；也才能讓正確的目標群使用到創新的產品或服務；讓企業能做出正確的改善；使用者也才願意幫忙進行口碑宣傳。

四、「操控靈活」可使小型企業占盡競爭優勢。在你使用的銷售管道上，無論是實體商店、網站或產品型錄，應盡可能與產品內容或業務項目一致。如果你上 Godiva 巧克力在 Godiva.com 上建立的網站，其中的內容會和實體商店的完全一致。同時，「互動風格」在實體商店或網路環境，也絕對不能疏忽，因為能取悅目標客戶的互動風格服務，將有助於企業發展並持續成長。

請你跟我這樣做

1. 多多利用 Facebook、LINE、Instagram、Twitter、Pinterest 等社群媒體，進行推廣行銷。
2. 可以利用社群媒體對會員或網站訪客，進行三次行銷，在官網中埋下追蹤碼，讓網友在臉書上看到你的廣告，以「再行銷」的方法增加曝光。

業務力 23 「保證達成目標」的技術

把目標寫在「夢想板」上

喬・吉拉德說這樣說：

我在自己一年賣了五百台車之後，問我自己：有沒有機會一年賣六百台？賣超過六百台之後，有沒有機會一年賣把八百台？我在每一個階段都設定非常明確的目標，並且去完成它。挑戰不可能，這是每一個頂尖業務員都擁有的特質。

撒哈拉沙漠廣大綿延五百哩，沒有食物、水、草等。一眼望去，一面平坦，黃沙滾滾，遙望無際。過去幾年，已有一千人，在橫越這一大片沙漠時迷途而丟掉生命。為了解決該地帶缺乏明顯路標的情形，法國人利用五十五加侖的黑色油桶做標示，每一個桶子距離五公里，正好是到地平線的距離，也就是橫越那片平坦荒地時，目視所及的地面極限。

一次一個油桶，橫越世上最大的沙漠

因此，旅人們一定都可以看到兩個油桶，一個是剛剛才經過的油桶，另一個是前方五公里的油桶。這就夠了！我們該做的就是朝著下一個油桶前進。藉著「一次一個油桶」的方式，而得以橫越世上最大的沙漠。

同樣地，個人也可以約束自己一次採取一個步驟，完成生活中最大的工作。自己該做的就是，到達極目所能見到的目標。如此，你所看到的距離，便足以讓你繼續行得更遠。

激情需要目標和行動策略的指引

不久前，某知名科技資訊公司何總裁登門諮詢。客套寒暄一番後，何總裁直截了當問說：「我們月計畫上都有明確的目標，團隊也都全力以赴，也下定百分之百的決心，信心，拼博，雄心都是成功達成目標的充分條件。照理說，我們再加上激情就可以成功達成目標啊？然而，老天不從人願，目標達到率都不高，問題出在那裡？」

我說：「只有高昂的激情是不夠的，還需要系統的目標制定方法和有效的行動策略，才能讓目標得以實現。」

「要有效的行動策略？」何總裁狐疑。

「因為，激情再強、再猛，沒有可行的方法和完全的準備技巧，只會走彎路，只會一個勁兒的蠻幹。所以，技巧也是成功的必要條件。」

何總裁說：「原來如此。激情固然重要，但沒有正確的方法，就會出現了眉毛鬍子一把抓的情形，難怪有時會沒效益，也不可能達成目標。」

「是的！激情和技巧是乘法關係，兩者皆需同等水準！」我說。

「保證達成目標」的方法

業務員的任務就是達成目標。但許多人忙著設定目標，卻沒學會「達成目標」的技術。以下是保證「達成目標」的技術。

一、將你的目標內容明確化。確認制定這個目標的意義是什麼？

首先，問一問自己為什麼一定要制定這個目標？

日本銷售女神柴田和子，連續十六年蟬連日本保險行銷冠軍，她一年創下的業績等於八百位業務員的業績總和。全世界保險從業人員稱她為「偶像、異數」。她在公開場合中說：「我之所以擁有如此傲人的成績，主要是來自大量富有創意的行動力，而這些源源不絕的動力，是源自我剛出道時，我擁有一個明確目標所致！」

柴田和子解釋道：「這個明確的目標是什麼呢？那就是，我剛出來做保險時家境非常差，我非常渴望擁有一棟自己的房子，因為父親早逝，母親含辛茹苦扶養我們長大，所以當我就立下目標，希望受盡千辛萬苦的媽媽能和我一起住在自己擁有的房子裡。有了這個明確的目標後，我全力以赴，一路不辭辛勞走來，終於屢破業界紀錄，並實現我設定的人生目標。」

目標明確就是「力量」！請回答以下問題：

1.請用一句話說清楚自己夢想的梗概。

2請把目標內容訴諸明確的文字，裡面包括主要的特點或目標。

3.我真的堅定信心會達成它？

如果你真的知道答案，那麼你一定會更有信心達成，因為，最大的說服力來自於你內在的自我肯定，當事實證明你一定可以的時候，你會用百分之兩百的信心，加上百分之三百的努力去達成它。

二、寫出完成業務目標的項目內容。問一問自己，我知道要完成哪一些項目和內容嗎？業務人員在設定目標時，要能掌握正確的方向，因此目標的設定要以下列項目為依據。

1. 業績目標。達成公司最低業務量的要求。
2. 結構性目標。按照產品別、地區別或客戶別而訂定的數字。
3. 市場開發目標。每天每週或每月要開發的新客戶、新地區、新市場的數字。
4. 收帳目標。應收帳款應該收回的金額。
5. 滿意度目標。提升顧客滿意度和降低抱怨的數字。

三、分割你的目標，逐步執行。問一問自己，我會把目標分解，訂定獎罰規則嗎？

馬克・吐溫說：「出人頭地的第一步，就是把複雜、難以招架的苦差事，分割成一些可以應付的小部分，然後從第一件開始做起。」

《想成功，先吃了那隻青蛙》一書中提到一個最佳例子。

強烈的成功欲望，和一定要的決心的保鮮期很短，而且很容易受到挫折、懶惰的客觀因素所動搖。我觀察，90％從事業務工作的人，通常是週一滿懷信心，如果沒有好的業績表現，週三就慢慢的欲望不夠強烈、決心也不是很足，結果週五就感覺力不從心，最後，這一週的目標當然未能實現。

如果要完成月目標，你不妨把月目標分解成四個週目標，然後訂定一個獎罰規則——如果達成週目標，就給自己一個小小的獎勵（請自己吃麥當勞一號全餐），但是如果達不成，就當眾做一百下仰臥起坐。

這個方法十分有效，有人跟我說：「我幾乎每週都可以如期達成，即使沒有在當週完成，我也會在接受仰臥起坐的處罰後，臥薪嚐膽，把未完成的業績累積到下一週達成，最終，我順利的達成了整個月的目標。」

這方法非常管用，你可以把這種系統方法不斷地運用到你需要達成的任何目標上。

四、培養克服現實問題的真功夫和本事。問一問自己，我能靠自己的資源和能力去掃除各種障礙嗎？

通往目標的路上，總是會有一些障礙需要克服。完全一帆風順的情形，是幾乎不可能的。

1.先為自己的目標做些評估。不管要完成什麼目標都需要資源，你手上掌握了哪些資源？你有什麼資產？有誰可以協助你？

2.確認實現目標的障礙，並找出解決方案。你要確認實現目標的障礙是什麼，是資金、專業知識、心態還是核心能力？然後找出哪一件事影響最大，依「難度」設定優先順序。對於關鍵性障礙，則要找出五個解決方案，其他每一個障礙都要找出解決方法。

3.要有彈性和權宜應變。Top Sales和Low Sales之間的距離其實只有一點點——Top Sales可以無數次修改方法，但絕不輕易放棄目標；Low Sales總是變更目標，就是不改方法。Top Sales習慣權宜應變，Low Sales不肯權宜應變，死抱著計畫不放。

所有的位置確定好，所有的行動檢視好，所有的選項考慮好，所有的資源彙集好，所有非必要的事物擺脫好之後，依然有一件事不能免，就是「保持彈性和權宜應變」。也就是說，仍要提防不肯權宜應變，死抱著計畫不放的危險。

各種狀況和問題總是會從四面八方而來，所以隨時都要做好十足的準備。唯有「權宜應變和彈性十足」，才能克服障礙、難題，而不會因此意志消沉。完成目標不容易，報償也往往來得遲。所以，永不氣餒，永不停歇，為達成目標，要好好開始，也要好好結束。

用夢想板將目標視覺化

國際知名諧星金・凱瑞（Jim Carrey）年輕時希望成為大明星賺大錢，於是拼命做各種工作，想打入洛杉磯電影圈，終於在一九八六年開始踏足影壇。

有一天，他坐在路旁俯視山下的城市，夢想著自己的未來，便拿出支票本給自己開了一張一千萬美元的支票，兌現時間是一九九五年感恩節那天，備註上加了一句「為了獎勵你在表演藝術上的成就」。

從那天起，金・凱瑞一直把這張支票放在錢包裡。後來，他築夢踏實的樂觀主義和堅忍不拔，終於得到了回報。一九九五年，金・凱瑞的一系列電影《神探飛機頭》、《變相怪傑》、《阿呆和阿瓜》，在票房上大獲全勝，每一部戲的片酬都高達二千萬美元。他終於美夢成真。

一九九四年他的父親去世，金在父親的棺木上放了一張一千萬美元的支票，以此向啟蒙和培養自己明星之夢的父親表示感謝。

要踏出成功第一步，金・凱瑞的作法值得學習、看齊，學習他將目標「視覺化」的做法。我們可以把目標放在板子上，這板子叫「夢想板」。夢想板是對自我的正面暗示，正面暗示能使你充滿自信。

每天起床時、臨睡前，至少各看一次夢想板，隨時提醒自己記住這些目標、這些美夢。如果你想要快速成功，最好每天看一百次以上。

增強完成既定目標的三個「行動」法則

說得好不如做得好，沒有行動一切都是零。實現目標的天敵就是你的行動，在行動中找方法，才會讓你實現夢想。成功不是你知道了多少，而是你採取了什麼行動。不管你設定了多少目標，請你一定要採取以下實踐目標的行動，增加完成目標的能力：

一、要天天求進步，進行全方位的學習，與時俱進。想要快速達成目標，一定要從事全方位的學習，參加更多的培訓課程，閱讀更多有益的書刊，花費更多的收入，不斷地學習，來充實自我，建立百分之百的絕對優勢。

二、找出值得效法的成功模範，向他們學習。從你周圍或從名人檔中找出三位在你目標領域中有傑出成就的人，簡單地寫下他們成功的特質和事蹟。在你做完這件事時，請你閉上眼睛想一想，彷彿他們每一個人都會提供你一些達成目標的建議，記下他們建議的方法，如同他們與你密談一樣，在每句重點下記下他的名字。

三、找出貴人來相助。確認對實現目標有幫助的人和團體，充分調動一切可以調動的力量和因素，來幫助自己實現目標。你一定要組織一個「智囊團」，借重他們的人脈、經驗、學識、天分、影響力甚至財力，加快完成你的人生目標。

再提醒你一次：我們人每一個人都有夢想，但卻缺少為夢想而行動的人。唯有「大量行動、正確行動、持續行動」，你才能找到你自己的金銀島、幸福島。

結語：找出達不成目標的「源頭」，對症下藥

何總裁所謂的「天不從人願，銷售目標不能達成」，可能是目標設定不科學、執行力不徹底、培訓機制不周全、過程管理沒追蹤、薪酬設計不合理。當然也有其他因素，比如產品的淡旺季轉

換，實力強大的競爭者的衝擊、市場形勢的急劇變化，生產與物流部門協調合作不力等，都有可能使銷售目標難以實現。

其實，不論是什麼原因，只要你能夠找出達不成目標的「源頭」，以科學分析，然後對症下藥，還是能夠「妙手回春」，進一步實現銷售目標與戰略規畫雙贏局面的。你同意吧！

請你跟我這樣做

1. 要增強「達成目標」的行動力，不妨設計將一些付出和努力分散到未來，將一些達成目標後的未來好處轉移到現在。
2. 沒「達成目標」要處罰一下自己。這處罰可以是你自己立下的，處罰的輕重依自己內心的標準去衡量。
3. 達成目標要有獎勵，當完成設下的目標，就給自己一點獎勵，犒賞自己一下。

業務力 24 企圖心

買一張叫做「企圖心」的單程車票

喬・吉拉德這樣說：
在銷售方面要大獲全勝，就要點燃你的企圖心。

業務是唯一能打破死薪水限制、工作領域障礙和學歷文憑窠臼，並快速累積財富、人脈和經驗的工作，堪稱為最沒門檻的「友善職缺」。只要業務做得好，可以讓「素人名利雙收、窮人鹹魚翻身、新手功力大增、老鳥高薪入袋」。

我做業務時，發現公司內的業務人員有「超級業務」和「非超級業務」之分，不理解的我，就問我部門的王經理：「我們公司有二百多位業務人員，前三名叫超級業務，請問他們到底有什麼過人的條件、素質和銷售技巧，才讓他們從崎嶇不平的地上，攀上事業高峰？」

「企圖心」是 Top Sales 應具備的第一條件

王經理說：「要想成為 Top Sales 締造高額業績，必須擁有強烈的企圖心，和擁有『一定要』的決心。」他還跟我說了一個故事：

有個牧場主人要聘請一個年輕人做守衛，他對來應徵的八個年輕人說：「三十公尺外有一個標靶，你們從這裡將這顆高爾夫球擊出，每個人有十次機會，看誰擊中的標靶的次數最多，我就聘請誰。」結果這些年輕人擊中目標沒超過五次。富翁說：「你們明天早上九點再來，看看你們誰做得更好。」

第二天，只來了一個年輕人，並且他每次都能夠擊中目標。「你怎麼做到的呢？」牧場主人驚訝地問。「我生長在單身家庭，父親不理我們，只靠媽媽幫佣維生。我們家裡很窮，我非常渴望得到這份工作，幫我的母親減輕經濟壓力，所以，我昨天在外面練習了八個小時，我告訴自己，無論如何，我一定要擊中目標九次，結果我做到了！」

你認為你能，你就能，這就是「企圖心」

「你認為你能，或者你認為你不能，你總會說對其中一個！」汽車大王亨利・福特曾說。認為能與不能常存乎一心，這個心叫做「企圖心」。它是一切成功的原始動力，有它才會採取大量的行動量，才會學習相關的專業知識與方法，沒有它，有再多的專業知識技巧及再亮眼的外貌或高人一等的學歷，都是天方夜譚！在業務人員的必要條件當中，企圖心和毅力是成功的兩大因素，前者為啟動力，後者為續航力。

Top Sales 同樣面對不景氣，面對顧客的刁難，以及競爭降價的威脅，然而走向勝利的路途卻大不相同。有的人天賦異稟，揮灑三寸不爛之舌擄獲人心，有的人則是默默耕耘一步一腳印，成功的 Top Sales 未必是同一種人，但是他們身上都擁有相同的「企圖心」特質。

決定命運的是企圖心，而不是環境

決定我們命運的是「企圖心」和「一定要」的決心，而不是環境。有企圖心，我們可明確一定的目標，有「一定要」的決心，則保證我們一定可以找到方法。改變的力量源自於企圖心和決心，有沒有績效則奠基於展現企圖心的那一刻，績效高低則取決於下定決定的那一刻。也就是說，只有當你決定「一定要」創造高績效時，潛能才能被激發。

那時我才恍然大悟，原來環境好壞不重要，要想成為 Top Sales 締造高額業績，必須擁有強烈的「企圖心」，和「一定要」的決心。

超級業務和平凡業務完全不同

Top Sales 和平凡業務到底有什麼不同？以下是我的觀點。

一、超級業務的企圖心特別強烈，一定要名利雙收。平凡業務認為他們只要不是最後幾名，就平安無事了。成功的業務法則就只有一條，就是你自己的企圖心與心態——你要不要成功。如果你的答案是肯定的，那你已經具備 80％的成功條件了，其餘的部份就是專業知識和執行力了。

企圖心是引爆成功的導火線，是帶來超級成就的動力。儘管你沒有好的背景和天賦，只要企圖心強烈，就很容易嶄露頭角。

二、超級業務是熱情傳播者。平凡業務做事總是三分鐘熱度，沒有足夠的熱情。

成功學大師拿破崙・希爾研究了世界頂尖成功人士的成功原因，最後歸納出十七條成功定律，其中，熱情排在最前面。

「行銷」是信心的傳遞和情感的轉移，顧客則會經由我們的狀態是否熱情，來判斷產品是否真的對他有幫助。「任何一個大訂單的成功，都是一次『熱情』的勝利。」你也許對你的專業並不是特別熟悉，或許你的四週有好幾位比你更強的對手，但你的「熱情」會說服對方，你的情緒會感染對方。

去談業務，就要讓自己成為「熱情傳播者」，也就是一定要具備充分的熱情，只要你擁有服務他人的熱情，懂得善用資源，加上熟稔產品專業知識，業務就會有亮麗的成績。

不論對產品、工作或者客戶，擁有「足夠的熱情」是對業務最嚴格的成就門檻。所以要成為超級業務以前，可能要讓自己成為一個熱情傳播者。如果你有足夠的熱情，成功一定沒問題。

三、超級業務就算恐懼也會採取行動。平凡業務卻會讓恐懼擋住他們行動。

做業務，戰勝恐懼的第一方法就是展開行動。行動不會失去什麼，相反，它會給你增加膽量、勇氣、戰鬥力和勝利。在銷售過程中，超級業務總是大膽嘗試和行動，才會戰勝競爭對手和頑強的顧客。

心理學研究表明：「思想」沒有辦法化解一種不好的情緒，但「行動」卻可以。所以，不想讓自己一無是處，就要克服銷售恐懼症，強迫自己不斷地採取行動。

四、超級業務喜歡向顧客請教學習。平凡業務認為他們已經知道一切。成功需要五力的加持，它們分別是學習力、抗壓力、執行力、競爭力和堅持力，其中學習力排名第一。超級業務深信顧客永遠是免費且是最好的老師，平凡業務則沒有類似的想法和做法。

超級業務認為，和客戶交流溝通和談判是最直接學習的管道，在訪談中可以了解產業的未來、企業成功的因素，以及客戶的工作流程、需求和未來方向；多請教他們的經營理念、策略和企業文化，從中吸收這些學校不會教的知識，自然有助於提昇自己的智慧、謀略、核心能力和績效。

五、超級業務喜歡承受困境和挑戰，平凡業務很容易放棄再接再厲的機會。正如馬丁・路得（Martin Luther）所說：「丈量生命的尺度，不在於擁有多少安逸的環境，而在於承受困境和挑戰的能力。」

超級業務遇到逆境的時候，不會停滯下來，並喜歡動腦筋，只要找到「對的時機、對的因緣、找到對的人」，就能夠為自己創造機會。平凡業務遇到難題或無法解決的問題時，缺乏抗壓力，很容易放棄，不想辦法去突破、再嘗試一次，所以成功率自然就低許多。

做業務有成有敗，只要「用心經營」就可能反敗為勝。遇到生命的轉捩點，認真去體會，就能靜待下一陣風起，再度揚帆出發。

結論：把成功的「天梯」搬到腳下。

有人問我為何會在演講培訓業成功？我斬釘截鐵地回答說：「因為我的身上有一股進取的力量，這股力量的來源就是我有一顆『企圖心』，和『一定要』成為一名演講家的決心，其他如熱情、行動力都是註解而已。」

我一直確信企圖心是一個業務人員獲取成功第一因素，促使人不停地提高自己的能力，是一個人不斷成長、不斷贏得新成績的直接動力，把成功的「天梯」搬到自己的腳下。

為了避免積極主動的企圖心會產生負面的效果，準確釐清企圖心的定義就非常重要。在銷售工作中所謂的「企圖心」，是指你在乎這份工作並且能專注於工作，矢志完成既定目標，同時不怕失敗，勇於扛起完全的責任。

從這樣的定義可以知道，客戶在評斷業務人員是否擁有企圖心，是從「拜訪前是否有事先充分準備」、「商談中是否能言之有據、言之有物」、「是否願意利用下班後的時間去為顧客服務」、「是否願意利用額外時間完成目標」等小細節來觀察他們，而不是非得要業務人員特別做些什麼動作，才能表現出企圖心。

沒有企圖心很難產生成功的動力，成功就少了支點、天梯。沒有一定要的決心，一切都是鏡花水月，你同意嗎？

請你跟我這樣做

1. 時時刻刻增強你的企圖心。山不在高，有仙則名；水不在深，有龍則靈；斯是陋室，惟吾德馨！萬般皆下品，唯有企圖心高，只要有企圖心，再多的困難，都能迎刃而解，再大的業務目標都能達成！
2. 如果缺乏強烈的企圖心，肯定做不好、賺不到錢，最好另謀其他較輕鬆的工作。
3. 你要馬上對自己進行優勢剖析，找出強項所在，並不斷輸入到潛意識中，增強你的企圖心。

知己知彼，才能有效說服客戶買單

喬・吉拉德這樣說：
如果我們想把東西賣給某人，就應該盡己所能去搜集有利於我們銷售的所有情報。

無論你是銷售房地產、保健品、保養品、辦公設備、3C產品、零組件還是鑽石珠寶，要創造更多的績效，沒有優異的「語言表達」絕對不行。其次，一定要具備高深的業務知識力，洞悉客戶的需求以及各種動態的能力，和組合、分析及判斷的能力，才能做到知己知彼。有靈活應變的銷售技巧，最後還要具備強烈企圖心／責任心／自信心／挑戰心。

我認為，要成為一位業務高手（Top Sales）還必須具備以下的基本素質——要充滿活力／熱忱／一流的服務精神，要有紮實的市場行銷知識，要有主動出擊、吃苦耐勞的精神，要有創新突破的精神，要有良好的對內／對外的人際關係，要有良好溝通談判能力，有良好的心理承受能力（AQ）和堅定的自信心，還要有不輕易放棄，永不言敗的精神。

業務人員希望成為業務高手或業務達人，除了要培養以上的素質之外，還要進一步和自己的產品談一場轟轟烈烈的戀愛，懂得自己產品的優點和強項，知己知彼，才能有效說服客戶理解你的產品、愛上你的產品，然後買下你的產品。因為，沒有客戶願意和不懂產品將給顧客帶來什麼好處的業務人員打交道。

知己知彼，百戰不殆

業務人員必須在和客戶溝通前，瞭解以下內容，才有辦法「知己知彼，百戰不殆」，贏得更多的訂單。

首先你必須充實自己公司的產品強項、業務知識、操作流程，才有對付客戶所提問題的應變能力。其次，要瞭解公司的優勢、劣勢、產品強項、價值、在市場的地位以及運作狀況。然後，要進一步瞭解競爭者的策略、產品內容、價格水準，並瞭解客戶所需要的報價、交期等等。

為了打敗你的競爭對手，你還需觀察競爭對手和客戶的關係如何？他們在一起共事多久？準客戶對你的競爭對手滿意度如何？當然，要對你的客戶有一定的掌握度更好。

知己，首先要了解自家的狀況

對自家的狀況和產品了解愈多，愈新穎、愈豐富，愈精確，完成交易的機會就愈大、愈順利。

你的公司所提供的產品及服務的優勢是什麼？你如何能獲得競爭優勢？

一、我公司的核心業務是什麼？

二、我公司的核心競爭力是什麼？

三、我公司的組織核心是什麼？

四、我公司的客戶是誰？

五、我公司客戶所需要的產品、服務是什麼？

六、滿足客戶的方法是什麼？

七、我公司主要的競爭對手有那幾家？

八、競爭對手的服務特色是什麼？

九、我們公司的主要策略、戰術是什麼？

十、我們客戶的客戶是誰？他們需要的服務是什麼？這些服務對你需求的影響是什麼？

知彼，就是了解競爭對手的狀況

下列是你必須瞭解你的競爭對手重點情報：

一、競爭對手的產品（或服務）策略。產品的地位？產品開發的路線是什麼？

二、競爭對手的生產（或服務）策略。競爭者的生產方式？生產彈性如何？自製或外包？產品品質如何？交貨日期、履行承諾以及服務等各方面的可靠度？

三、競爭對手的執行策略。競爭廠商的銷售量？聲望口碑如何？財務的健全程度如何？以及研究發展活動的比較地位。

四、競爭對手的行銷策略。如何推銷？競爭者銷售人力的素質？產品訂價如何管理？供貨速度如何？保證如何？配銷通路如何配置？信用政策為何？促銷手段為何？業務人員姓名、經歷和優缺點？

五、競爭對手的其他相關訊息。競爭者的未來發展計畫是什麼？財務狀況如何？以及有關規格、顏色以及其他特殊規格等競爭專案的應變能力。

知彼，也要了解顧客的性格與心思

最後，你必須要對顧客的性格、心理和興趣愛好瞭若指掌，具備分析各種顧客的能力，能瞬間認清顧客，才能知己知彼，靈活應對，百戰百勝！顧客可以大綠分為以下四種類型。

一、**好奇心強的顧客。**這類型的顧客沒有任何的購買障礙，他只想把產品的情報和資訊帶回去。只要時間允許，他都願意聽產品的介紹，那時他的態度就變得謙恭，並且會禮貌的提出一些恰當的問題。

【心理診斷】：這類型顧客只要看上自己喜歡的商品。並激起購買念頭，他可以馬上購買。他們是一時衝動而購買的類型。

【應對方法】：事前先想好一些創意性的產品解說和介紹，使顧客聽完後感覺很興奮，但當下時機仍掌握在你手中，你一定會讓這類顧客覺得這是個「特別難得的機會」，而欣然點頭購買。

二、理智型顧客。這類顧客的特徵是穩、靜、很少開口，總是以懷疑的眼光審視你的產品，以及顯示出不耐煩的表情。也正因為他的沉穩，會導致銷售人員很氣餒和洩氣。

【心理診斷】：這類顧客一般都會豎起雙耳，仔細注意聽銷售人員的解說介紹，他同時也在分析、評價銷售人員及產品，這類顧客屬知識份子和發燒友較多，他們細心、安穩、發言很小心，屬於理智型購買者。

【應對方法】：在銷售過程中應該有禮貌、誠實且客氣，保守一點、低調一點，且不應有自卑感，確信自己對產品的了解程度，在現場銷售中多強調產品的價值和實用性功能。

三、隨聲附和型的顧客。這類型顧客是問什麼，他都跟啞巴一樣不表示意見，不論銷售人員說什麼都點頭稱是，或乾脆一句話都不說。

【心理診斷】：不論銷售人員說什麼，這類顧客內心已經決定今天不買了，換言之，他只是為了了解產品的資訊，想提早結束你對產品的介紹和講解，所以隨便點頭，隨聲附和，讓銷售人員不再推銷，但內心卻害怕如果自己鬆懈，讓銷售人員乘虛而入，令其尷尬。

【應對方法】：如果你想扭轉乾坤，讓這類型顧客說「是」，或是開門見山問他：「先生（小姐），你為什麼今天不買？」直接式詢問將可趁顧客疏忽大意的時候攻下，突如其來的詢問會使顧客失去辯解的餘地，大多會說出真話，這樣就可以因地制宜的圍攻。

四、虛榮型顧客。這類顧客期望別人說自己很有錢。

【心理診斷】這類顧客可能沒錢或債務纏身，但表面上仍穿名牌、甚至假名牌，他總是想要過豪華的生活，所以只要銷售人員進行合理的誘導，便有可能讓他衝動性購買。

【應對方法】：你可以附和他、關心他的生活狀況，極力讚揚他，假裝尊敬他，表示要向他多多學習。這樣，他會為了顧及面子會，咬牙買下你的產品，但是不會把真實的情緒顯露在臉上，這類顧客很容易中圈套。你可以介紹產品的時尚外觀或某些特殊的功能，愈有賣點，愈能給他帶來虛榮心的滿足。

結語：知己知彼，要用專業知識做後盾。

業務不是只靠兩張嘴皮，要靠紮實的專業知識做後盾。掌握專業知識，保持與時俱進的積極學習態度，是成為超級業務的基本功，如果配合強烈的信心，以及對客戶和競爭者敏銳的觀察判斷能力，知己知彼，展現運籌帷幄能力以及團體合作精神，成功就有更大的機會了！

請你跟我這樣做

1. 出發前，花一點時間了解你的客戶和競爭者，做好準備，可以使我們在工作中占據主動，順利地展開銷售工作，收到事半功倍的效果。
2. 商業談判要成功，首先要瞭解對方的談判底線，判斷雙方是否有重疊的利益區間；也要瞭解在對方談判底線背後的真正目的和利益所在。
3. 向客戶推銷前，要瞭解競爭對手的策略、產品內容、價格水準，以及客戶所需要的報價、交期，就會有勝算。

口才不是天賦，是靠刻苦訓練

喬・吉拉德這樣說：

培養口才與聆聽能力同等重要，學會如何講之前要先學會聆聽。口才不是孤立的現象，不只是臨場反應速度，還要能自圓其說、層層相連。

為什麼銷售同樣的產品與服務，有些人總是獨占鰲頭，有些人卻老是吊車尾？決定成敗的因素很多，積極心態重要，良好口碑重要，行動力重要，優質服務也很重要，但是能脫穎而出的高手，往往是說話持論公允，言中有物、言之有情、言之有文，懂得藉由其出眾的口才不戰而屈人之兵。

簡單說，「口才便給」是贏得成功的另一因素。

口才便給是業務必修的重要科目。因為自我推銷、介紹產品、簡報資料、商業談判都需要口才便給，甚至連處理抱怨都需要口才，化解矛盾更需要口才便給。

提升口才的內涵和素質

「三寸不爛之舌，勝於百萬之師」道出了口才的重要作用，但口才並不是一種天賦的才能，它是靠刻苦訓練得來的。世界上一切口若懸河、能言善辯的演講家、雄辯家、企業家和業務高手，無一不是靠刻苦訓練而左右逢源、無往不利，獲得成功的。

業務損龜是一張「拙嘴」說出來的，業務成功是一張「巧嘴」說出來的。發生在成功人物身上的奇蹟，一半是由口才創造的。你可以透過以下方法，刻苦訓練出巧嘴的內涵和素質。

如何成為口若懸河的人？有兩條路，第一條路是自己埋頭學習、練習，靠自己用數年的時間摸索出演說成功的方法；第二條路是向已經成功的人去學習，複製他們已經驗證成功的演說技巧和模式。但是，如果你用三個月的時間跟五位有十年演說成功經驗的大師學習，三個月就擁有了五十年的經驗。你感覺哪個一方法更好、更快？當然是跟演說成功經驗的大師學習會更好、更快。

一、可以跟律師學口才。美國前總統林肯為了練口才，徒步三十英哩，到法院去聽律師們的辯護，看他們如何論辯、如何做手勢，他一邊傾聽，一邊模仿他們的口吻。他去教堂看到那些雲遊八方的福音傳教士，揮舞手臂、聲震長空的佈道，回來後馬上依樣畫葫蘆練習。林肯還曾對著樹、樹樁、成行的玉米練習如何說話。

二、學習節目主持人的聲音魅力。找出一個自己最佩服的廣播或電視節目主持人，每天聽他的節目，模仿他說話的聲音語調、抑揚頓挫、用字遣詞、結構邏輯。你也可以把節目錄下來，利用等車和走路的時間，不斷反覆練習，嘴巴跟著動。

三、匯整出成功演說的技巧。每個人的特色跟風格不同，多找機會去觀摩成功的業務高手怎麼講的，或是多聽名人的演講，好的學起來、壞的不要犯。加上自己的勤奮、思考和學習、練習，總結出演說的技巧和原則，很多東西自然就會內化變成你的內涵和素質。

提昇口才能力的三個途徑

「敢說話，能說話，少說話」，是訓練好口才的三個基本環節，以下是我培養口語表達能力的經驗：

一、靠平時艱苦訓練。我是靠平時的艱苦訓練，練就了非凡的口才。從我二十八歲開始，有兩年的時間，我每天至少用十分鐘來大聲朗誦和講話。當我口才能力還平平的時候，我跑到附近山上一處僻靜的地方，在樹枝上掛一面鏡子，就這樣對著鏡子練演講。我從鏡子中觀察自己的表情和動作，經過三個月刻苦訓練，終於掌握了高超的演講藝術和技巧，後來才有機會成為一名演說高手。

你可以對著鏡子練習說話和大聲朗誦，你也可以背誦大量的著名演講詞來提昇你的口才能力。如果有時間的話，就到空曠的地方大聲念出你事先準備好的演講稿，想像正對面就是你的聽眾，當然，你若能把演講稿全部記住，然後脫稿而講那樣最好了。

二、每天分享一個文章、故事。我每天和至少三個人積極分享一篇文章、一則笑話或一個故事，以磨練我的口語能力。我一起床，就從網路、雜誌或報紙社論中，找出一篇好的文章、故事，想像自己就是那個聲音優美，言之有物主持人，對著鏡子，試著把剛才閱讀的重點，用自己的話說出來。

然後，每天和至少三個人積極地彼此經驗分享、見解分享、資訊分享，與同事一起吃午飯時，把今天閱讀的文章、好故事分享出來，晚餐時和另一個朋友分享，回到家後再和家人分享，這樣一個故事或是好的觀念，在一天內就至少練習了三次。

三、積極掌握公開說話的機會。關於口才的訓練，再多的閱讀、多聽多記，也比不上不斷的實戰練習。因此我參加公司開會時，有機會就說出自己的看法，在課堂上有機會就主動分享自己的心得，每週一定去參加讀書會，或去聽別人演講，並在提問時大膽說出自己的問題。最有效的方法還是直接上演講台，多講幾次，口才就更上一層樓，萬事OK了！

以前沒機會走上演講台，於是我就毛遂自薦，就是臉皮厚一點，製做好履歷就主動打電話聯繫一些社團、學校與機關，表達我想去做一場簡短演講的意願。不要以為這是緣木求魚，當他們找不到理想的主講人時，沒魚蝦也好，你出線的機率就很大。

我一直深信，只要抓住機會上演講台，藉機進行自己的口才訓練，早晚你一定能成為「舌燦蓮花」和「滔滔不絕」的人。你認同嗎？

避免「自我設限」的心態

有人問我：「做業務，怎麼樣才能讓顧客給我們訂單？」我直截了當說：「有三個方法，一是人家不敢做的，你先做；其次，人家不敢秀的，你先秀；最重要的是人家不敢開口的，你先開口。」

許多人說：「我沒料，我年輕，我不敢啊！」這些人犯了自我設限的毛病。要如何避免自我設限？我的看法是重建「無所畏懼」的心態。凡事不要預設立場，不要擔心你缺少提供別人卓越服務的能力。「你唯一的限制，就是你自己在腦海中所設定的那個限制。」拿破崙・希爾如是說。

以我的實例來說，在我剛做業務的第二個月，我去某知名集團進行陌生開拓，當時我心裡非常害怕。心想，這家集團名氣這麼大，辦公大樓如此豪華氣派，門衛管制非常嚴格，我只是一個菜鳥業務人員，人家會讓我進去嗎？在這同時，我忽然想到總經理曾經告訴我們：「坐着沒有機會，走着有一個機會，跑着有兩個機會！」我退一萬步想，去嘗試一下，最差的結果只是回到原點，我又沒有什麼損失，我何不去試一下呢？

於是我突然變得信心十足，就像鋼鐵人一樣，抬頭挺胸走進了這家集團，原先我認為很難做到的事情，都做得遊刃有餘。三十分鐘後，我拿下了一筆大訂單，吹著口哨離開。

運用「相信法則」拋開負面的思考念頭

我經常勉勵銷售人員，取得訂單就和談戀愛一樣，要敢表白才有機會贏得美人歸。同時，懂得發問的人比較容易取得話語主控權，可以更快了解對方所求所想，並做出相對回應。藉此可以縮短彼此猜測與溝通的時間，只答不問的溝通方式是無法激起對流的花火的。

看法決定一切，只要願意改變看法，工作和績效就會隨之改變。

我認識一位年收入五百萬的房仲業務達人，他一針見血地指出：「一個業務人員成不成功，關鍵不在於他懂得多少技巧，在於他是不是一個相當有自信心，欣賞自己、滿意自己的人。」

他又說，縱然沒有亮麗的外貌，只要知道如何運用「相信法則」，就可以讓你拋開負面的思考念頭，滋生大膽、熱情的潛力，展現開口請求生意的膽識和魄力。

排除「自我設限」的方法

作生意，要如何增加「膽識」？關鍵之一，是要保持時時刻刻開口請求的「企圖心」。善於溝通者，有時候並不需要超級的口才，而是先排除自我設限的毛病，追求好的結果，全力以赴！

每個人都有自我設限的時候，但是，你要趕緊去摧毀自己所設定的障礙。我建議你可以利用以下方法，循序漸進排除自我設限，增強你的膽識：

一、首先要排除思想上的惰性，和行動力的惰性。因為這樣的惰性會讓我們放不開手腳去闖、去冒險，形成長期依賴，形成不敢嘗試，形成惡性攀比，這會影響一個人鬥志和命運。

二、你要有自己的目標和正確的定位。相信自己所從事的工作有益，神聖，並相信自己的能力可以完成目標。

三、要不斷提高自己的綜合條件和素質。這樣，才不會害怕，充滿自信地去應對不同的客戶和各種狀況和問題。

四、讓臉皮變得更厚一點。想達到目標就要臉皮厚，才敢及時開口要求。臉皮不厚一點就不好意思開口，這樣，結局當然不會好。

結論：要把握 Close 的良機。

溝通時要達到成交其實很簡單，只要你讓對方告訴你截止日，就成功了一半。要明白，良機稍縱即逝，遇到談判對象發出妥協信號時，你回答對方的提問後，若沒有新的異議或其他競爭對手出現，二話不說，直接開口爭取你想要的結果！

請你跟我這樣做

1. 溝通是一種謀略、膽識、戰術、計謀和技巧，和別人溝通的成功竅門就是「找機會開口請求」，千萬不要害羞、膽怯，如果你害怕失敗，那就趁早結束對話吧。
2. 說服別人之前，先說服自己有說服對方點頭的能力。你可以先在心中認定雙方溝通絕對會達成協議，認為對方會簽約是理所當然的結果。
3. 交流溝通時，要表現出無所畏懼的樣子，千萬不要表現出生澀、膽怯、優柔寡斷、唯唯諾諾，甚至怕被拒絕的樣子。

業務力 27 內容行銷

掌握五個內容行銷的要領，業績倍增

喬・吉拉德這樣說：

做成一件事情只要有兩個要素：一是成功的必勝信念；二是有正確的方法。你可以用「內容行銷」讓客人自己找上門！

現在人在買東西前，都會先上網瀏覽相關評價，所以就算你花大錢，展開鋪天蓋地的廣告，顧客也像瞎子一樣，根本看不到！在這網路社群時代，內容行銷已經取代了廣告。覺悟吧！傳統行銷方式早已失效。

內容行銷之所以受歡迎，關鍵在於用經營媒體的觀念來經營內容行銷。媒體就是傳統的報章雜誌，或者是主流的新聞網站、部落格，或者是一個 YouTube 頻道。因此當你在規畫內容行銷時，內容必須對你的受眾有用才行，並以此作為核心開展內容。

最近我的新書《思考致富 亞洲正能量》預售不十五天就狂賣四千本，傳統出版社特別好奇，透過不同管道問我：「怎麼銷售出去？」我說：「沒什麼竅門，只是利用內容行銷（Content Marketing）罷了！」

內容行銷果然有效

同行朋友問我：「內容行銷竟然這麼厲害，什麼是內容行銷？」我回說：「對買賣雙方來說，現在都是資訊氾濫的時代，唯一最容易的路就是我設身處地，從顧客角度發想，與顧客建立對話。我不直接宣傳產品，我透過傳送免費的內容給潛在客戶，以贏取他們注意，讓他們願意掏腰包購買。」

有一些一知半解的人，想要運用內容行銷來提升業績，可惜大部分的人都沒有掌握到內容行銷的要領，只能面對所回饋的負面數據結果頻頻搖頭嘆息。根據美國內容行銷協會的調查顯示，有90%的公司使用內容行銷，但是只有45%的公司從中獲利。

你也希望能有效的運用內容行銷來提升業績嗎？請你看看以下五個重要的內容行銷手法，你掌握了幾個？

一、發文前思考一下，你想透過你的內容帶來什麼好處？是營業收入（Sales）？節省成本（Saving）？或是取悅顧客（Sunshine）？

在創造內容或是發布文章之前，你應該問問自己「這篇文章的目標是什麼？」許多的盲點就是沒有動動大腦就直接發文，不幸的結果就是，這樣的內容行銷操作根本沒有任何效果，就如同船沒有舵一樣，毫無頭緒的發文當然無法到達它的地點。

想要運用內容行銷來達成公司設定的目標，聰明的行銷人員應該思考以下的關鍵點：

1. 營業收入（Sales）：什麼樣的內容可以帶來營業收入？
2. 節省成本（Savings）：什麼樣的內容可以節省公司開銷？
3. 取悅顧客（Sunshine）：什麼樣的內容是你的顧客喜歡的？什麼樣的內容讓你的顧客感到愉悅？

把握以上這三點來製作內容才是最最重要的關鍵，另外，請記得一併思考的是：「『為何』你認為這個行銷通路能夠接觸到你想要的目標客群？」如果你都無法說服自己，想必你還沒有找到對的通路來接觸目標客群。

二、建立你的內容行銷的「使命宣言」（Mission Statement）。

想要讓你的內容行銷投資值回票價，建立內容行銷的「使命宣言」是非常重要的。你的「使命宣言」應該至少包括三個重點：

1.觀眾：誰是你的核心客群？

2.品牌的利基：你的內容會帶給他們什麼？

3.目標：你的觀眾想要的結果是什麼？（不是「貴公司」想要的結果是什麼）

有一個明確的使命宣言，有助於你的團隊在創作內容時掌握具體方向，也能更瞭解「不要」創造什麼樣的內容。目前只有20%的企業進行這樣的內容行銷策略，這對許多公司來說，是殺出血路的新方法。

當你在建立你的使命宣言時，千萬不要弄得繁雜，讓人眼花撩亂。現在的網路資訊量龐大，免費的資訊垂手可得，唯有精準的內容、能具體呈現價值的資訊，才能吸引使用者造訪你的網站。過於普遍性或是一般的資訊，都是沒有吸引力的。因此盡可能聚焦和集中方向，透過不斷為消費者提供最佳的解決方案，讓你的品牌占有一席之地、找到利基點。

最佳的例子就是 Proctor & Gamble 的 Home Made Simple 部落格，它們的使命宣言是：讓每個女人都能有更多的時間和家人相處。透過明確的鎖定核心的客群（女人），利基（為家庭生活提供有益的資訊）和目標（讓核心客群有更多的時間和家人相處），持續地為消費者提供優質的內容，創造大量流量之外，也深深掌握住消費者的芳心。

三、將錢投資在你的官網或部落格之上。專家提醒我們：千萬不要在租來的土地上建立你的內容行銷陣地，你最好拿錢投資在你的官網或部落格上。

社群媒體的通路、產業相關的主要網站，和其他的外部網路，都是推廣品牌內容很好的管道，但你仍應該將主要的投資，投注在你能夠自己擁有和控制的平台，例如官網或是部落格。

自從臉書改變其 Newsfeed 的方式，許多粉絲頁面的曝光度大幅降低，許多企業都學到了慘痛的教訓。因此體悟出，即便是受惠於社群網路的力量，仍然要盡可能確保你對品牌的內容行銷平台擁有主導權，最終要能將引導消費者到自有平台才是長久之計。自有的官網或部落格，能運用內容建立與消費者的連結，提高轉換率和建立品牌信譽。

四、運用有影響力的意見領袖吸引更多觀眾。服務過 Dell、LinkedIn 等多家知名企業的 TopRank 數位行銷公司，不斷地倡導和分享內容行銷的趨勢和影響，他們也和美國內容行銷協會的創辦人 Joe 合作。透過和意見領袖的合作，是相當有效的內容行銷方式，因為它能夠觸及到新的讀者群，在你本來的訂閱讀者之外，擴大讀者數量。此外，讓你的內容和產業界專家學者產生連結，運用這些意見領袖來吸引更多的粉絲，幫助你提高品牌的公信力和權威性。

五、建立讀者VS.購買讀者模式。從頭開始一步步慢慢培養讀者，十分耗時且費力。你可以向其他已擁有廣大觀眾的公司購買讀者，以加速建構社群的腳步，並使你的內容快速在更多讀者面前曝光。例如線上相機零售商Adorama購買瀕臨破產的JPG媒體公司，便是以合理的價錢迅速增加了他們的讀者量。

你還在為了內容行銷沒有效果而傷腦筋嗎？也許該是好好檢視一下社群媒體的操作方向和手段，才能事半功倍地發揮內容行銷的影響力。

請你跟我這樣做

1. 確認什麼才是顧客認為重要的「內容」？什麼「內容」是顧客真正關心的？該怎麼做？有什麼效果？花費多少？如何運用？成功的關鍵是什麼？
2. 花錢做廣告，要多管齊下，在傳統廣告之外，要多方應用內容平台。多角化露出，觸及更多潛在購買者。
3. 拋棄以「波段式」操作的思維來操作「內容行銷」，必須要長期操作才能建立一致的調性。

業務力 28 自我推銷

先把自己銷售出去，再銷售你的產品

喬・吉拉德這樣說：
推銷人員在推銷出產品之前，首先要推銷的是自己！

在當今圖書出版業內，如果有誰再懷疑行銷宣傳的價值，那麼可以判定他肯定缺乏基本的工作素質。但是，具有「內容好，賣得自然好；內容乏善可陳，再行銷宣傳也枉然」觀念的人，仍然如過江之鯽。

我發現，一本書賣得好，一定要日日監控銷售量和行銷宣傳的時間點，行銷宣傳的作用才發揮效益。但受到宣傳平台、銷售重點、時機等多方面因素的影響，作者要出版的書籍「被行銷宣傳」

的比率，依然鳳毛鱗角。

行銷力度跟成功欲望的強弱成正比

在這種左右為難情況下，身為企畫編輯和作者的我們該怎麼辦？答案只有一個——自我行銷。以我自己操作出版的《這招夠厲害 出手就成交》這本書為例，因為宣傳預算有限，這本書的行銷宣傳力度並不大。在這情況下，本著對這本書品質的自信，我進行了長期的「自我行銷」。方法是這樣的，我在臉書、微博、Twitter、Line和我的官網（www.bosslin.com）上進行了長達三個月的宣傳。透過接受朋友的批評、指正，我和讀者進行了無縫對接，因此，在書出版前，就收到了三千本以上的訂單，成績斐然。

在這本書已經有了不錯的銷售基礎上，我繼續線上下開展各種自我行銷活動，例如在報紙平面媒體、企業講座，社團講座等進行宣傳。以前雖然明白行銷是行銷、宣傳是宣傳，但沒有深刻體會，這次操刀，便對此有了更深刻的體會。

有一位出版社的企畫編輯跟我說：「如果沒有宣傳實踐，你寫企畫也是紙上談兵，複製別人的行銷企畫方案，效果真的非常差。因為它們並沒有深入到人們的靈魂深處。」

當然，自我行銷需要時間成本、機會成本、普通意義上的物質成本等等。然而，企畫編輯是需要成績來顯示自身價值的。在這一論斷面前，許多成本也是企畫編輯可以暫時承受的。當然，這要看企畫編輯自身的成功欲望的強弱。

每個人都有限制性，時間有限、精力有限、物質財力也有限，因此，不可能他企畫的所有新書都要進行宣傳，不然，眉毛鬍子一把抓，最後什麼也得不到。

你要進行自我行銷，必須注意兩個重點。首先，它是否切合人的心靈層次（理性的利益、好處，感性的愛情、友情、親情、悲劇）；其次，它是否符合目前的氛圍（比如商業書籍賣得好，某種程度切合了百姓對當前經濟失望的情緒，以及總經理、業務人員追求賺錢心理）。

推銷產品前，先把自己推銷出去

同樣的，要成功談成一筆生意，人脈、經驗、商品力和學歷絕對是很重要的。但是你也必須要知道如何「行銷自己」。雖然銷售的理論各據山頭，但99％的專家都異口同聲說：「推銷產品之前，一定要把自己推銷出去。」

很多時候，產品並不顯得很重要，銷售人員才是至關重要的！因為人們往往首先接受銷售人員，然後才會接受產品。這也是Top Sales的經驗。因此，推銷自己就變成是踏出銷售的第一步驟！

如何進行自我推銷？我建議你，進行自我推銷前，你可以先問問自己以下四個問題，讓你朝向正確的方向思考，看看要如何把自己推銷給別人。

一、在你的業務工作中，你做過哪三件事讓你感到驕傲無比？

二、過去你曾經做過哪些足以顯現才華的專案？

三、你自認為最強大的強項是什麼？你要如何繼續精進你的專業技能？

四、你在職場上及職場外，獲得過哪些獎項？

自我行銷非常有用

推銷自己又稱「自我行銷」，它是通過自身的努力，使自己被別人肯定、尊重、信任、接受的過程。人們有「暈輪效應」和「亡斧疑鄰」效應的心理，總會帶著主觀印象去觀察、瞭解、分析一個人，很容易產生認知的偏差。這種先入為主的印象，在推銷過程中表現得更為強烈，這印象會直接影響你整個推銷的過程。

在推銷過程中，先入之見主要表現在三個方面：一是對推銷人員的先入之見；二是對產品的先入之見；三是對推銷的先入之見。這需要你做好全面的「專業知識、服裝、社會禮儀、資料、工具的準備」，以消除對方對你不利的先入之見。

你可以用以下兩招，讓你的成果受到更多人注意：

一、編製一張光榮年代的總清單。你很難記住自己做過的每一項成就，尤其，隨著時間的經過，你會有更多值得紀錄的成就。因此，專家建議，在自己電腦裡建立一張成就清單。不斷新增累積的成就，需要時，你就可以輕鬆想起自己的成就與故事。

比方說，假設你要開車帶顧客去參觀工廠，你希望告訴她哪些關於你的資訊？有沒有什麼話題可以讓你自然帶出一場讓你站在聚光燈下的對話？如果你要出席一場大型銷售研討會，會中將談到「卓越服務的應用」，你能不能拿出一些實例說明你如何成功使用「卓越服務」，建立起你的「顧客俱樂部」？

或許在參觀工廠後，這位顧客就會下訂單，還主動要求買你的東西，並加入你的「顧客俱樂部」。誰知道呢？

二、說一個動人心扉的故事。從三歲到八十歲，大家都愛聽故事，尤其是好聽的故事。想一想，要如何把你想要被認同的經歷編入故事當中。比方說，當我完成我的企管博士學位時，我辭掉經理的工作，獨自一人到南非當義工半年，隔年我獲選為企業最傑出經理人大獎。

在南非那半年，我碰到一些常人碰不到奇聞妙事。在這裡，我運用了我特有的魅力式推銷技巧，不溫不火的告訴朋友和客戶我人生中的三件大事。現在，你知道我擁有一個企管博士學位、我曾經到過南非經歷過不同的文化，還有，我是一個承擔風險的人。但是，我的呈現方式非常有趣，遠遠超過我只是說出三項不錯成就的做法。

結論：輕鬆自我行銷六部曲：

一、自我行銷的第一步——給自己一個響亮的口號，見面時，做出令人印象深刻的自我介紹。

二、適當使用正確的身體語言。

三、充分事前做好瞭解對方（公司）的性格、喜好、預算、人和文化。

四、穿著業務正式服裝、建立一個成功的形象。

五、讓對方有商業合作夥伴的感覺，像是你的朋友。

六、多談及對方，有關對方的價值主張，以及你能協助改善的方法。

最關鍵的還是你為自我行銷所做的準備——你的專業知識和你的自信及勇氣！

請你跟我這樣做

1. 銷售長紅的產品絕對是品質好、口碑佳的產品。打造個人品牌也是同樣的道理，品牌的前身絕對是實力、專業能力和品質。
2. 和顧客溝通時要記得：說一個動人心扉的故事。
3. 介紹自己時，說一說你做過哪三件事讓你感到驕傲無比。

找出第一名的對手，挑戰他

喬・吉拉德這樣說：

為什麼迄今我是榮登汽車名人榜的銷售人員？因為我從不認命，自強不息。我不斷創新、突破困境，我用堅毅不拔的精神超越了一切，創造了這個不凡的傳奇！

世界上最偉大的銷售人員喬・吉拉德來台灣演講，主辦單位安排我和他在台北市君悅飯店共餐，並大力介紹我是亞洲行銷銷售第一名師，有三十年八千場以上的演講經驗，培訓出一萬位以上的中小企業老闆、數百位保險處經理、直銷高階領袖、金融、房屋仲介、汽車商用車業務王及知名講師，影響力遍及全球華人圈。

就是要證明給你看

喬・吉拉德問了一些台灣行銷圈問題之後，我拿出他的原版書請他簽名，趁機請教他：「可以分享你邁出成功第一步的秘密嗎？」將近七十歲的他中氣十足說：「那一個秘密就是：『不認命、不服輸，做給看不起的人看看！』那麼任何人都可以成為 Top Sales 並擁有美好的未來。我就是這樣走過來的！」

喬・吉拉德繼續說：「在我人生的前三十五個年頭，我自認是全世界最糟糕的失敗者！我換過四十個工作，一事無成，沒有固定收入，常常有一餐沒一餐。我父親非常痛恨我不負責任的言行，常常唸我：『喬，瞧你那樣子，將來絕不會有什麼出息。』」

不認命，不服氣的喬・吉拉德為了證明自己，他堅定著「做給他看看！」的信念，靠著一支電話、一枝筆和順手撕下的四頁電話簿，全力以赴去做，沒多久就成為公司內的 Top Sales。

三十八歲的時候，喬・吉拉德終於成為了世界第一名的推銷人員，而他也突然覺得自己多年來哪裡是在向顧客銷售，簡直就是在對著想像中的父親「費盡心血」地推銷著每一輛汽車。

喬・吉拉德打破金氏世界紀錄的成功秘密

「我在走投無路之際，央求一個汽車經銷商朋友給我一個機會，我工作第一天就賣出我人生的第一輛汽車，成為我從人生谷底翻升，邁上巔峰的轉捩點。關鍵就在於當時走投無路，沒有地方可去了，不認命，只好向上！」

「我之所以會想盡辦法賣車，都是為了『錢、錢、錢』，生活的逆境反而激發出我不認命的不服輸精神和熱情，以及不想讓自己和妻子兒子抬不起頭的鬥魂。」

他向最優秀的汽車推銷人員學習和挑戰。他還經常從公司的業務通訊和一些商業雜誌上，搜集那些優秀的汽車推銷人員的照片，尤其是那些打破銷售紀錄的人。他把這些照片釘在自己辦公室的牆上，每日激勵自己超越他們的紀錄。

沒多久，他果然逐漸超越了那些非常出色的推銷人員。首先是在自己工作的汽車行，接著是所在城市，然後是整個地區，最後是全美乃至全世界。

沒有人知道他如此成功的秘訣，是因為他始終在向自己幻想中的競爭對手推銷汽車。

喬・吉拉德還說：「我每天早晨起來，第一個要問自己的問題就是『世界第一名都在想什麼、做什麼，我要怎樣學習並超過他們？』」進步的動力來自於競爭，因為在競爭的過程中，彼此要求比對手更快、更強和更好，無形中讓自己有了更快的進步。

所以，設定競爭對手不是為了超越他，而是以他為標準，發誓要與對手爭個高低，心中存著「總有一天我要破你的紀錄」的信念。這就是喬・吉拉德花了十年時間，超越了世界上最厲害的競爭對手，打破金氏世界紀錄的成功秘密。

找出一個第一名的對手

世界上有很多網球、高爾夫球運動員，當他們奮鬥了好幾年，獲得了世界冠軍之後，沒多久就突然消失了。因為他們失去了競爭的對手，沒有再戰下去的鬥志了。因此，不論我們處在哪一個山峰，一定要找出一個第一名的競爭對手，然後在向他學習的過程中設法趕上他——這是一種良性的競爭，會幫助你突飛猛進。

所以，你的目標就是「不要認命」、不要自我設限，要打敗不景氣，超越強有力的競爭對手，讓自己成為行業的 Top Sales，成為世界第一名，揚名全世界。

結語：不認命就不會拼命，不拼命就不會長命。

業務人員就是業務人員，你的職稱是副總裁、業務經理或專案經理並不重要，不論名片印上什麼頭銜，也是跟業務人員一樣要提著筆電、帶著平板，到處做 Present。初見面還可唬人，如果沒有真材實料，時日一久，一樣被人看破手腳！

做業務，其實沒有甚麼好迴避的。如果你不知命就不會認命，不認命就不會拼命，不拼命就不會長命！所以「業務人員」才是你真正的名字與招牌，其他的只是綽號而已，不必太當真！如果沒有硬本事，真功夫，名片印董事長也不會太長命。想要有硬本事，真功夫，就必須具備一定的專業和核心能力才行。

請你跟我這樣做

1. 面對當前環境中的問題和困難，認命不認輸，關鍵在於確定什麼事應該順勢而行，什麼事要逆來順受。
2. 認命不服輸，雖然從表面上看是認命了，但實際上是保護了自己的上進心，展現永不認輸的精神。
3. 「業務人員」名片上的抬頭，不必太當真！要有硬本事，真功夫，才有機會成為 Top Sales。

業務力 30 刻意練習

光是累積經驗不夠，成功需要練習

喬・吉拉德這樣說：
如果你想提升銷售業績，你可透過模仿、透過刻意練習，快速得到想要的結果。

最近，某知名空運公司林總經理問我：「『顧問式銷售』有事半功倍的效果，要如何才能運用自如？」我回答：「一個人只要『刻意練習』一千個小時，就有機會成為業務高手。如果未經刻意練習，或刻意練習的時間不足，即使累積十年經驗也無法體會其中的奧秘！」

林總經理接著問：「練習不就是去做嗎？『刻意練習』究竟是什麼概念？請指導一下，謝謝！」

刻意練習，十年磨一劍

如果你不是天才，只要「刻意練習」（deliberate practice），你也可以很快成為業務高手。據了解，莫札特五歲作曲，八歲公開演奏鋼琴和小提琴，但他的成名曲〈第九號鋼琴協奏曲〉是在二十一歲時完成的。如果從三歲開始就接受密集的作曲和演奏訓練，莫札特已經歷了十八年極度嚴格的專業訓練了。

據報導，老虎伍茲的父親在老虎七個月大時，就給他一支鐵桿和推桿，並讓他坐在車庫裡的高腳椅上，讓老虎看他把球打進網內，一看就是好幾個小時。在老虎兩歲時，他父親就帶他定期上高爾夫球場打球、練習，四歲後就接受專業教練調教。所以，當老虎在十九歲那年成為渥克盃（Walker Cup）美國隊隊員時，他已經苦練長達十七年了。

莫札特和老虎伍茲有一個共通點，就是都有一個能幹且具專業的父親，一心要把兒子訓練成頂尖人才。莫札特的父親是知名作曲家和演奏家，也是個專制的父親。老虎的父親四十四歲從軍中退休後，成為高爾夫球好手，把訓練老虎當成他的新舞台。

可見，要成為國際級的頂尖人才，需要從小就「刻意練習」，不僅是長時間的苦練，而且要有好的教練或良師指導。通常至少要下十年的功夫，才能有出眾的表現，這就是「十年磨一劍」。

更重要的是，終其一生，每天都要「刻意練習」，才能維持頂尖的功力。能夠成為第一名銷售高手也差不多，喬・吉拉德花了兩年的時間「刻意練習」，而成為全球第一名的業務人員。

刻意練習要有成就動機才行

只是刻意練習很苦又很累，沒有強烈的熱情或動機無法維持。這強烈的動機，一個是來自於外在名利誘因，另一個則出於內在的驅動，進入工作的一種「神迷」（flow）。

Flow是一種狀態：「當人完全沉浸在一項工作時，時間會變慢，喜樂會增強，於是這項工作做來幾乎不費吹灰之力。當挑戰難度與個人技能相當時，就能進入這種『高亢狀態』」。其實，當我們做自己喜歡又能勝任的工作時，多少有這種進入flow的經驗，埋頭專心於工作，一抬頭才發現已經花了這麼多時間了。

在業務世界裡面，名利動機或進入工作的神迷是如何發展而成的？標準答案是：「由優勢引爆的乘數效果」，也就是，在某方面的一個極小優勢（如熱情服務每一個人），能引爆一連串更大的優勢事件。

例如，有個年輕朋友愛和陌生人說話、口才表達力和反應力都略優於其他人，使得他拜訪、溝通比別人好，而獲得成就感。他因而更積極練習，不斷和顧客接觸，並尋求專業的指導，於是表現更好、受到認可和讚揚。他可能因此融入一個內涵日益豐富的環境，磨練出更好的銷售技巧。這種良性循環，使得早期看似薄弱的因素，隨著時間不斷擴大。

由此引伸，在競爭較小的地方開始學習技能，比較能贏得注意力和讚美，啟動乘數效應，驅動「刻意練習」，持續追求最高境界。這樣的說法，和我一向認為在貧困地區長大的人，比較認真，比較能鶴立雞群、培養自信的看法不謀而合。

成就極限來自堅定的信念和練習的方法

研究證明：世界頭號高爾夫球手白老虎李—維斯特伍德（Lee Westwood）、馬丁・凱梅爾（Martin Kaymer）、納達爾（Rafael Nadal）、德約科維奇（Novak Djokovic）、費德勒（Roger Federer）、巴菲特甚至馬友友，這些天才和我們不一樣之處，在於他們長期、有方向地進行刻意練習，並對練習結果進行分析，從失敗中吸取教訓。以科學的方法進行苦練，自我琢磨，才有可能嶄露頭角，讓所有人刮目相看。

雖然刻意練習的例子隨處可見，但刻意練習並不能完成解釋它是獲取成功的唯一元素。因為現實世界非常複雜，因為我們都受到「運氣、時運和機遇」的影響。儘管很多道理都說明，愈勤奮刻苦的人愈幸運，但事實上，當你走在一棟正在整修的大樓旁，鷹架突然塌了，你只能認命了。

刻意練習，成為業務專家八部曲

無數經驗證明，只有通過刻意練習才能使自己成為業務專家。究竟什麼是刻意練習呢？主要有三點：主觀上有興趣、吃苦、努力以赴的意識；客觀上有持續改進表現的努力行為；重複大量進行成為某一領域專家所必須的學習和苦練。

為什麼賈伯斯每次上台簡報新產品總是從容不迫，絕不輸給演講大師？據了解，賈伯斯每次上台演說之前，都要花兩三個禮拜準備簡報、講稿、燈光、舞台，一次又一次演練直到完美為止。賈伯斯的舞台魅力不是天生的，是花了太多的苦工演練出來的，台上一分鐘台下十年功，都是刻意練習出來的。

一個人如何透過刻意練習，使自己成為業務高手呢？以下的步驟值得參考：

一、要明確你奮鬥的目標。卓越之路要歷經多年的嚴苛考驗，如果沒有全心全力投入，誰都不可能達成。你必須知道你想要做什麼，而不是覺得、傾向或考慮要做什麼，因此你必須確定你希望發展的專長領域，明確自己的發展方向，樹立一個持續努力的長遠目標，並要明白完成奮鬥目標需要的「經歷組合」——就是為了一個偉大的奮鬥目標，應該刻意學習那些種專業的技能，以滿足當前及未來的水準和要求。

二、要多元化閱讀有用資訊。要有意識的閱讀商業書籍與報刊，篩選有針對性的資訊。要積極尋求回饋與點評，加強自我監控與考核，利用外部的因素來對自己的努力成果進行檢驗。

三、大量重複的訓練。從不會到會，秘訣就在「簡單的事情重複做」，因為「重複為學習之母」。學習商業決策的最好辦法，不是觀察老闆每週做三次重大決策，而是自己每天做十次模擬決策。

四、要向成功者借鏡學習和複製。經由學習成功者的心態、謀略和差異化戰略、成本戰略、創新等商業規律，通過可以即時回饋又無風險的模仿和演練，充分利用當今社會的有利條件，模仿事情的起點、過程和結果，明確自己的發展方向。

五、要向前學習更難的動作和技巧。科學家研究花式滑冰運動員的訓練，發現在同樣的練習時間內，業餘的運動員喜歡練習自己早已掌握的動作，而頂尖運動員則更多地練習各種高難度的跳躍和旋轉動作等技巧。

一般愛好者打高爾夫球純粹是為了娛樂，享受打球的過程，而專業運動員為了獲得獎勵，集中練習在各種極端不舒服的位置打不好打的球。

真正的練習不是為了完成運動量，刻意練習的精髓是要持續地做自己做不好的事。

六、需要一些優秀的教練和顧問。心理學家把人的知識和技能分為層層嵌套的三個圓形區域。最內一層是「舒適區」，是我們已經熟練掌握的各種技能，一般人都以舒適為標準，進步到一小點程度就停止了，因為只是純粹好玩，所以不會更進步了；最外一層是「恐慌區」，是我們暫時無法學會的技能；二者中間則是「學習區」，這是進步最大的領域，在學習區裡面練習、克服了不熟悉的程度，就會往更高的程度邁進。不斷挑戰就會不斷進步！

但是我們在學習區內進行練習，必須要有一個好的老師或者教練，從旁觀者的角度，更能發現需要改進的地方。我們也需要多請教身邊的老師和教練，以彌補自己的不足。

七、要有人監控才會更進一步。學習的成效是需要被認真監控的，你可以請身邊的領導人、益友、長輩甚至是同事，來監控自己的練習，請他們提出寶貴的意見，才能提高練習的效率。持續的監控、持續的指正、扶助，需要堅持不懈的努力，才能產生成效。

八、需要投資許多時間和熱情。設定個人長期投資的計畫，因為成為專家至少需要五年以上的刻意練習，經由熱情做你喜歡做的事情，只有熱情才會產生強大的意志力、動力，驅使自己去完成枯燥乏味的練習過程。

據了解，大陸奧運游泳選手每天至少要在水裡訓練八小時，為何要至少八小時，聽說是國務院下條子規定的；大陸以前游泳前輩都是這樣訓練，後面新選手照樣訓練，成果也非常接近會。所以很多人是用全部生命、用全力做一件事情！

如果我們在行業中是二流、三流等級，就更應該盡全力刻意練習，才有機會成為一流。

最重要的事情是，長期苦練只是開始，要持續刻意練習，必須有打不死的追求進步的心態。

所以，很厲害的人都有在不為人知的地方下苦功，只是我們不知道而已！

結論：堅持不懈努力，必有收穫。

每個人都有自己的優劣勢，唯有勇敢面對自己的劣勢，透過刻意練習來克服缺陷和弱點，發揮出自己的優勢，才能成長進步。

刻意練習是為提高績效而特意設計的行為，一個人只要有明確的目標，只要不斷刻意練習，最後就會變成專家和達人。

請你跟我這樣做

1. 刻意練習時，精神要高度集中。
2. 刻意練習量要大，要重複訓練，不怕苦，還要耐得住寂寞。
3. 每次練習的時間最多一到一個半小時，每天最多四到五小時。

成交的技術

向銷售之神喬・吉拉德學習創造不敗金氏紀錄的30個銷售術

作　　者／林有田（Dr. Boss Lin）
美術編輯／申朗創意
責任編輯／張雅惠
企畫選書人／賈俊國

總 編 輯／賈俊國
副總編輯／蘇士尹
行銷企畫／張莉滎．廖可筠

發 行 人／何飛鵬
出　　版／布克文化出版事業部
台北市中山區民生東路二段 141 號 8 樓
電話：(02)2500-7008　傳真：(02)2502-7676
Email：sbooker.service@cite.com.tw
發　　行／英屬蓋曼群島商家庭傳媒股份有限公司城邦分公司
台北市中山區民生東路二段 141 號 2 樓
書虫客服服務專線：(02)2500-7718；2500-7719
24 小時傳真專線：(02)2500-1990；2500-1991
劃撥帳號：19863813；戶名：書虫股份有限公司
讀者服務信箱：service@readingclub.com.tw
香港發行所／城邦（香港）出版集團有限公司
香港灣仔駱克道 193 號東超商業中心 1 樓
電話：+852-2508-6231　傳真：+852-2578-9337
Email：hkcite@biznetvigator.com
馬新發行所／城邦（馬新）出版集團 Cité (M) Sdn. Bhd.
41, Jalan Radin Anum, Bandar Baru Sri Petaling,
57000 Kuala Lumpur, Malaysia
電話：+603- 9057-8822　傳真：+603- 9057-6622
Email：cite@cite.com.my
印　　刷／凱林彩印股份有限公司
數位 3 刷／2023 年（民 112）03 月
售　　價／300 元

城邦讀書花園 www.cite.com.tw
布克文化 WWW.SBOOKER.COM.TW